Ernst Probst

Die Mittelsteinzeit
in Hessen

Widmung

Allen Prähistorikern und Prähistorikerinnen gewidmet,
die mich bei meinen Büchern
über die Steinzeit unterstützt haben

Impressum:
Die Mittelsteinzeit in Hessen
1. Auflage als Printbuch: März 2021
Autor: Ernst Probst
Im See 11, 55246 Mainz-Kostheim
Telefon: 06134/21152
E-Mail: ernst.probst (at) gmx.de
Herstellung: Amazon Distribution GmbH, Leipzig
Alle Rechte vorbehalten
ISBN: 979-8-724-63961-3

Vorwort

Der 1914 im Senckenberg-Moor in Frankfurt am Main zusammen mit Knochen eines Auerochsen entdeckte „Senckenberghund" aus der Zeit um 9.000 v. Chr. gilt als der älteste Hund in Hessen. Er soll vor seinem Tod an den Überresten des Wildrindes gefressen haben. Dies sind Fakten aus dem Taschenbuch „Die Mittelsteinzeit in Hessen" des Wiesbadener Wissenschaftsautors Ernst Probst. Darin geht es um die ersten vier Jahrtausende der Nacheiszeit vor etwa 9.600 bis 5.500 v. Chr. in Hessen. Die damaligen Menschen ernährten sich noch von der Jagd, vom Fischfang und vom Sammeln. Zu ihren Lebzeiten herrschte dank steigender Temperaturen bereits eine Warmzeit, die heute noch andauert. Um 5.500 v. Chr. begegneten sie erstmals eingewanderten jungsteinzeitlichen Bauern, von denen sie bald Ackerbau, Viehzucht und Töpferei übernahmen.

Jäger der Mittelsteinzeit mit Hund.
Zeichnung: Fritz Wendler (1941–1995)
für das Buch „Deutschland in der Steinzeit" (1991)
von Ernst Probst

Inhalt

Schwedischer Geologe und Polarforscher
Otto Martin Torell (1828–1900) aus Lund.
Bild: Riksantikvarieämbetet
och Statens Historiska Museer, Stockholm

Die Mittelsteinzeit
in Hessen

Aus Hessen kennt man heute zahlreiche Fundstellen aus der Mittelsteinzeit, wissenschaftlich als Mesolithikum bezeichnet. Dieser Abschnitt der Steinzeit begann laut dem Buch „Deutschland in der Steinzeit" (1991) von Ernst Probst vor etwa 10.000 Jahren, also um 8.000 v. Chr., und endete um 5.000 v. Chr. Im Online-Lexikon „Wikipedia" dagegen wird heute der Anfang der Mittelsteinzeit auf 9.600 v. Chr. und deren Ende im westlichen Mitteleuropa auf 5.800 v. Chr., im mittleren Mitteleuropa auf 5.500 v. Chr. und im nördlichen Mitteleuropa auf 4.300 v. Chr. datiert. Der zeitliche Unterschied beim Anfang der Mittelsteinzeit beruht darauf, dass man jetzt die Nacheiszeit (auch Heutzeit, Holozän oder Postglazial genannt) 1.600 Jahre früher beginnen lässt.

Den Begriff Mittelsteinzeit (Mesolithikum) hat 1874 der schwedische Geologe und Polarforscher Otto Martin Torell (1828–1900) aus Lund auf dem Internationalen Kongress für Archäologie und Anthropologie in Stockholm erstmals vorgeschlagen. Dieser aus den altgriechischen Wörtern mesos (mitten) und lithos (Stein) zusammengesetzte Name setzte sich allmählich durch. Daneben ist vor allem im romanischen Sprachbereich die Bezeichnung Epipaläolithikum (Nachpaläolithikum) gebräuchlich.

In Hessen fällt eine klare Aufteilung der Mittelsteinzeit schwer. Die meisten Fundstellen lassen jedoch eine mehr oder weniger ausgeprägte Typologie der Steingeräte erkennen, die der älteren Mittelsteinzeit zugerechnet wird. Es dominierte eine Abschlagtechnik, mit der gedrungene Klingen und als Mikro-

Einwandernde Bauern der Linienbandkeramischen Kultur.
Zeichnung: Fritz Wendler (1941–1995)
für das Buch „Deutschland in der Steinzeit" (1991)
von Ernst Probst

Von Wölfen angegriffener Auerochse (Ur).
Gemälde des Berliner Tiermalers Heinrich Harder (1858–1935)

lithen einfache Spitzen, Segmente und Dreiecksspitzen er.
wurden.
Wer als Erster den Begriff Mikrolithen (griechisch: mikros
klein, lithos = Stein) verwendet hat, ist in der Fachliteratı
nicht zu finden. Die maximal bis zu 3 Zentimeter großei
Mikrolithen dienten teilweise als Spitzen oder seitliche
Widerhaken in hölzernen Schäften von Speeren, Harpunen und
Pfeilen. Hergestellt wurden sie durch gezieltes Brechen von
sehr kleinen Klingen (Mikroklingen oder Lamellen) und
abschließendes Retuschieren. Oft sind Mikrolithen so winzig,
dass man einst irrtümlich Zwerge als ihre Hersteller betrachtete.
Nur wenige und zumeist im Bestand nicht sehr umfangreiche
Fundstellen in Hessen zeigen Tendenzen der jüngeren Mit-
telsteinzeit, nämlich schlanke Klingen, gestreckte Dreiecks-
mikrolithen, trapezförmige Mikrolithen und Pfeilschneiden
(Querschneider). Trapezförmige Mikrolithen mit breiten
Schneiden fügten größere und stärker blutende Wunden zu als
dreieckige.
Die Menschen dieses späteren Abschnittes hatten vermutlich
Kontakte zu den ersten Bauern der Linienbandkeramischen
Kultur, die ab 5500 v. Chr. in Mitteleuropa nachweisbar sind.
Deren zivilisatorische Überlegenheit veranlasste die späten Jäger
bald, ihre bisherige Lebensweise weitgehend aufzugeben.
Wenn man in Hessen von einer Dauer der Mittelsteinzeit von
etwa 9.600 bis 5.500 v. Chr. ausgeht, fallen in diese folgende
Abschnitte der Heutzeit (Holozän[1]): Vorwärmezeit (Präboreal[2])
vor etwa 9.610 bis 8.690 v. Chr., Frühe Wärmezeit (Boreal[3])
vor etwa 8.690 bis 7.270 v. Chr. und Mittlere Wärmezeit (Atlantikum[4]) vor etwa 7.270 bis 3.710 v. Chr. Im Präboreal war
der Sommer ähnlich warm wie heute und der Winter noch
sehr kalt. Im Boreal war der Sommer generell wärmer als heute
und der niederschlagsarme Winter meist mild. Das Atlantikum

gilt als wärmste Epoche. Die Winter waren sehr milde und sehr niederschlagsreich.

Ab etwa 9.600 v. Chr. stiegen stetig die Temperaturen an. Auf die letzte Kaltzeit des Eiszeitalters folgte eine bis heute dauernde Warmzeit. Die offenen Landschaften der Eiszeit und mit ihr die großen Rentier- und Wildpferdherden verschwanden. Aus ehemaligen menschlichen Tundrajägern wurden Waldläufer und Fischer.

Wie in anderen Gebieten Deutschlands breiteten sich auch in Hessen während der Nacheiszeit immer mehr die Wälder aus. Auf mit Kiefern durchsetzten Birkenwäldern im Präboreal folgten im Boreal Landschaften mit zahlreichen Haselnusssträuchern und daneben Eichen, Eschen und Ulmen. Zur damaligen Tierwelt gehörten unter anderem Auerochsen, Rothirsche, Rehe, Wildschweine und Schwäne. Im Atlantikum beherrschten ab 5800 v. Chr. schließlich Eichenmischwälder das Landschaftsbild.

Vielleicht gehört der Schädel ohne Unterkiefer eines Mannes aus Rhünda[5], einem Stadtteil von Felsberg (Schwalm-Eder-Kreis) in Nordhessen, in die Mittelsteinzeit. 1962 datierte man Kalktuffproben aus der Fundschicht des Schädels mit der 14C-Methode auf 8.365 plus/minus 100 Jahre vor heute, was der Mittelsteinzeit entspricht. 1990 wurde erneut anhand der Analyse der Fundschicht ein Alter von etwa 8.300 Jahren bestätigt. 2002 ergab die Datierung einer 2 Gramm schweren Schädelprobe mit der AMS-14C-Methode am Centrum voor Isotopen Onderzoek der Rijksuniversität in Groningen (Niederlande) ein geologisches Alter von rund 12.000 Jahren vor heute bzw. 10.000 v. Chr., was der späten Altsteinzeit entspricht. Diese Datierung wurde durch den Paläontologen Wilfried Rosendahl veranlasst. Damals wurde auch ermittelt, dass es sich um einen Mann handelt. Weiteren Untersuchungen zufolge hat sich der

Schädel von Rhünda,
Stadtteil von Felsberg (Schwalm-Eder-Kreis) in Nordhessen.
Foto: Tecty / CC BY-SA 4.0 (via Wikimedia Commons),
lizensiert unter Creative-Commons-Lizenz by-sa-4.0,
https://creativecommons.org/licenses/by-sa/4.0/legalcode

Der Originalfund des Schädels von Rhünda
wird im Hessischen Landesmuseum Kassel (Foto) aufbewahrt.
Foto: Hafenbar / CC BY-SA 3.0 (via Wikimedia Commons),
lizensiert unter Creative-Commons-Lizenz by-sa-3.0,
https://creativecommons.org/licenses/by-sa/3.0/legalcode

Wiener Prähistoriker Oswald Menghin (1888–1972).
Foto: Ludwig Schwab (1899/1900–1939) /
Österreichische Nationalbibliothek, Bildarchiv Austria,
Inventarnummer Pf 11823:D (1),
https://www.bildarchivaustria.at/Pages/
ImageDetail.aspx?p_iBildID=8154680
(via Wikimedia Commons),
Lizenz: gemeinfrei (Public domain)

Mann von Rhünda in hohem Maße von Süßwasserfischen
ernährt. Der Originalfund wird im Hessischen Landesmuseum
Kassel aufbewahrt, eine Kopie im Gensunger Museum.

Der Schädel von Rhünda ist am 26. August 1956 von dem
Marburger Anatom Eduard Jacobshagen (1886–1968) auf dem
internationalen Kongress „100 Jahre Neandertaler" in Düs-
seldorf fehlgedeutet worden. Er hielt ihn für einen weiteren
Fund des Typs *Homo sapiens neanderthalensis* (bis 1901 galt die
Schreibweise Neanderthal mit h) und für den Schädel einer
Frau, der sogenannten „Frau von Rhünda". 1962 stellten die
Göttinger Anthropologen Gerhard Heberer (1901–1973) und
Gottfried Kurth (1912–1990) fest, dass es sich bei dem Schädel
von Rhünda um einen anatomisch modernen Menschen *(Homo
sapiens)* handelt. Ihre Erkenntnisse basierten auf Untersu-
chungen an einer neuen Zusammensetzung des Schädels.

Nur als Kuriosum sei erwähnt, dass es im 20. Jahrhundert in
Österreich einen renommierten Prähistoriker gab, der die
gewagte anthropologische These aufstellte, die Angehörigen
der mittelsteinzeitlichen Kulturstufe Tardenoisien (etwa 6.000
bis 5.000 v. Chr.) seien kleinwüchsige „Pygmoide" mit sehr
primitiver Kultur gewesen. Diese Auffassung vertrat kein
Geringerer als Oswald Menghin (1888–1972), der damals als
Universitätsprofessor dem Urgeschichtlichen Institut der Universität Wien vorstand, beispielsweise in einem Brief vom 20.
Dezember 1933. Der Begriff Tardenoisien wurde 1885 von
dem französischen Prähistoriker Gabriel de Mortillet (1821–
1898) eingeführt und erinnert an die nordfranzösische Land-
schaft Tardenois im Département Aisne (Frankreich).

Bisher sind in Hessen keine aussagekräftigen Siedlungsstruk-
turen – wie Grundrisse von Behausungen und Feuerstellen –
entdeckt worden. Man kennt lediglich eine Anzahl von Frei-
landstationen mit mehr oder minder zahlreichen Stein-

*Nachbau einer Hütte
aus der Mittelsteinzeit um 8.000 v. Chr.
im archäologischen Themenpark „Archeon"
in Alphen aan den Rijn (Niederlande).
Foto: Marc Strauch (via Wikimedia Commons),
Lizenz: gemeinfrei (Public domain)*

*Lagerleben vor einer nachgebauten Hütte aus der Mittelsteinzeit
im Archäologischen Freilichtmuseum Oerlinghausen
(Kreis Lippe) in Nordrhein-Westfalen.*

Hermann Apitz (1881–1947) gilt als Entdecker
der ersten mittelsteinzeitlichen Freilandstation in Hessen.
Foto aus dem Buch „Hermann Apitz –
der vergessene Altertumsforscher aus Groschwitz" (2015)
von Dr. Gert Wille, Dr. Peter Müller,
Harry Widmer, Werner Zimmermann,
Gernot Richter, Hans-Dieter Lehmann
und Mannfred Schmidt

werkzeugen und -waffen, die auf der Erdoberfläche aufgelesen wurden. Wie in anderen Bundesländern dürften sich die Menschen der Mittelsteinzeit in Höhlen, Halbhöhlen, aber auch in Zelten oder Hütten vor den Unbilden der Witterung geschützt haben. Aus der auffällig großen Menge von Steinwerkzeugen und -waffen kann man schließen, dass sich in Hombressen[6], heute ein Stadtteil von Hofgeismar (Kreis Kassel), sowie in Stumpertenrod[7], heute ein Ortsteil der Gemeinde Feldatal (Vogelsbergkreis), langfristig oder wiederholt bewohnte Kernlager befanden. Die dort lebenden Menschen ernährten sich von den bei der Jagd erlegten Wildtieren und vom Sammeln essbarer Pflanzen. Vermutlich hielten sie sich jetzt länger an einem Ort auf als ihre Vorgänger in der jüngeren Altsteinzeit, weil ihr Jagdwild standorttreu war und sie es besser verstanden, Nahrung zu konservieren und vorrätig zu halten.

Großen Anteil an der Entdeckung und Erforschung des Mesolithikums in Hessen hatten engagierte Amateur-Archäologen. Das geht aus dem faktenreichen Artikel des Prähistorikers Professor Dr. Lutz Fiedler über „Altsteinzeit und Mittelsteinzeit in Hessen" auf der Internetseite der „Arbeitsgemeinschaft Altsteinzeit und Mittelsteinzeit" von 2013 hervor. Fiedler war bis zu seiner Emeritierung Leiter der Archäologischen Abteilung des Landesamtes für Denkmalpflege Hessen in Marburg sowie zunächst Lehrbeauftragter, dann Honorarprofessor für die Archäologie der Steinzeit an der Philipps-Universität Marburg.

Erste Funde mittelsteinzeitlicher Artefakte in Hessen glückten im April 1925 dem Lehrer Hermann Apitz (1881–1947) aus Frankfurt am Main nahe des Schullandheims „Wegscheide" (Fundplatz „Wegscheideküppel") bei Bad Orb (seit 1974 Main-Kinzig-Kreis) im Spessart. Dieser Fundplatz liegt etwa 2,7 Kilometer südöstlich von Bad Orb und ungefähr 700 Meter

Buch „Hermann Apitz –
der vergessene Altertumsforscher aus Groschwitz.
Einblicke in ein Lehrer- und Forscherleben
in Brandenburg, Sachsen-Anhalt,
Thüringen und Hessen" (2015)
von Dr. Gert Wille, Dr. Peter Müller, Harry Widmer,
Werner Zimmermann, Gernot Richter,
Hans-Dieter Lehmann und Mannfred Schmidt

nördlich des Schullandheimes auf einer Höhe von 414 Metern auf einem Bergsporn zum Haseltal. Zusammen mit seiner Schulklasse aus der Frankensteiner Schule in Frankfurt am Main, die heute nicht mehr existiert, las Apitz in den Erdauswürfen von Übungsschützengräben auf einer Fläche von etwa 75 mal 25 Metern insgesamt 76 Artefakte aus Feuerstein auf. Seine Funde sind verschollen. Auf seinen erhalten gebliebenen Skizzen sind eine trapezförmige Pfeilspitze (Querschneider) aus der späten Mittelsteinzeit, zwei einfache Spitzen und ein Daumennagelkratzer erkennbar. Der Entdecker der ersten mittelsteinzeitlichen Freilandstation in Hessen wurde am 1. April 1932 wegen Berufsunfähigkeit (Stimmbanderkrankung) in den Ruhestand versetzt. Danach zog er nach Weimar, wo er 1945 bei einem Luftangriff seine Wohnung verlor. 1947 erhängte er sich in einem Wald nahe seines Geburtsortes Grochwitz.

1934 entdeckten der Arzt und Sanitätsrat Karl Wilhelm Engelhardt (1943 gestorben) aus Neustadt und der niedersächsische Prähistoriker Hans Piesker (1894–1977) aus Hermannsburg am Rand einer Sandgrube in Neustadt-Momberg (seit 1974 Kreis Marburg-Biedenkopf) steinerne Artefakte. Engelhardt barg auch ähnliche Steingeräte in der inzwischen zugeschütteten und überbauten Triftsandgrube bei Neustadt. Engelhardt war von 1930 bis 1941 Pfleger für kulturgeschichtliche Bodenaltertümer. Seine umfangreiche Sammlung wird im Hessischen Landesmuseum Kassel aufbewahrt. Seine Inventarbücher befinden sich im Landesamt für Denkmalpflege Hessen, Außenstelle Marburg.

Nach dem Zweiten Weltkrieg nahmen die Entdeckungen und die Erforschung der Mittelsteinzeit in Hessen zu. Der Landwirt Willi Dietz (1898–1971) aus Stumpertenrod sammelte auf seinem Flurstück „Feuersteinäcker" kleine Kerne, Klingen, Krat-

Landwirt und Prähistoriker
Hans Piesker (1894–1977)
aus Hermannsburg (Kreis Celle) in Niedersachsen.
Foto: Mario Rathgeber um 1960
(via Wikimedia Commons),

zer und Mikrolithen. Davon erfuhr Ende der 1950er Jahre oder
1961 Herbert Krüger (1902–1996), der Direktor des Oberhessischen Museums in Gießen. 1962 nahm Dietz mit dem Prähistoriker Wolfgang Taute (1934–1995) Kontakt auf. Dem
Gießener Museum überließ er fast 400 Artefakte. Krüger und
Taute untersuchten die Fundstelle und bargen Steingeräte, die
sie 1964 beschrieben. In der Folgezeit sammelten und verkauf-
ten Schulkinder Tausende mittelsteinzeitlicher Steingeräte,
wodurch sie oft ihr Taschengeld aufbesserten.

Der Postbeamte und Sammler Horst Quehl aus Alsfeld-Hattendorf suchte in den 1960er Jahren die Fundstelle Stumpertenrod nach wissenschaftlichen Maßgaben ab. Er überließ seine
Funde dem aus Indien stammenden Prähistoriker Surendra-
Kumar Arora, der ab 1966 Material für seine Dissertation von
1974/1976 sammelte. Quehl stieß auf zwei mittelsteinzeitliche
Fundstellen in der Gemarkung von Alsfeld-Hattendorf[8] (Vogelsbergkreis), die Arora in seiner Dissertation auswertete.
Stumpertenrod gilt als erster Fundort in Hessen, an dem Quehl
auf eigentümliche Messer oder Spitzen aufmerksam wurde,
die den Rouffignac-Messern des frühen Mesolithikums in Süd-
west-Frankreich ähneln, bzw. entsprechen. Quehl ist der Erste,
der nicht nur Mikrolithen auf Feldern auflas, sondern auch
Retuscheure, Klopfsteine und Reibplatten.

In den späten 1950er Jahren bargen die Prähistoriker und Brü-
der Eckehart Schubert (1936–2006) und Franz Schubert auf
einer kleinen Anhöhe am Rand von Wetzlar-Naunheim in Mit-
telhessen unter einem Felsversturz einige Mikrolithen aus dem
Übergang zum Jungmesolithikum. Diese Artefakte fanden sie
neben Keramik und Knochen aus einer jüngeren Periode.

In Südhessen belebte der in Hamburg geborene und aus Norddeutschland in den Main-Kinzig-Kreis gezogene Architekt
Gerd Mende (1913–1985) aus Gelnhausen die Erforschung

Herbert Krüger (1902–1996),
Direktor des Oberhessischen Museums in Gießen.
Aufnahme eines unbekannten Fotografen

Der Prähistoriker Wolfgang Taute (1934–1995)
untersuchte in den 1960er Jahren die Fundstelle in Stumpertenrod.
Foto: Universität Köln

der Mittelsteinzeit. Er entdeckte bei Exkursionen und Feldbe-
gehungen im Kinzigtal, südlichen Vogelsberg, Spessart, in
Randgebieten der Wetterau und Rhön sowie im Haunetal viele
Fundstellen der Alt- und Mittelsteinzeit. 1969/70 und 1975
veröffentlichte er in „Fundberichte aus Hessen" Aufstellungen
steinzeitlicher Fundplätze. Als die wichtigsten von ihm aufgespürten Fundstellen gelten Gründau-Breitenborn und Bie-
bergemünd-Wirtheim (beide Main-Kinzig-Kreis) in Südhessen.

Bereits in den 1960er Jahren barg man am Rand einer Sandgrube bei Groß Gerau in Südhessen typische Mikrolithen aus
dem Frühmesolithikum.

Der Gymnasiallehrer Helmut Burmeister aus Hofgeismar
entdeckte in den 1970er Jahren bei Hofgeismar-Hombressen
(Kreis Kassel) in Nordhessen zahlreiche mittelsteinzeitliche
Artefakte. Dort wurde erstmals in Hessen ein Kernbeil geborgen, was damals die Verbreitung dieser Geräte über den
nordeuropäischen Raum nach Süden andeutete. Inzwischen
liegen vereinzelte Funde von Kernbeilen bis zum Vogelsberg-
rand vor.

Hombressen, Stumpertenrod und Groß Gerau gehören zu den
langfristig genutzten Siedlungen in Hessen. Größere Mengen
von Artefakten aus Felsgestein – wie Mahlplatten und Reib-
steine – deuten auf wirtschaftliche Aktivitäten hin, die sich
von denen der kleineren – offenbar nur jägerischen – Stationen
unterscheiden.

Anfang der 1970er Jahre fielen dem Ingenieur Jürgen Hubbert
in der Gemarkung Rüsselsheim-Bauschheim an der Grenze
nach Königstädten an einem Kaninchenbau mittelsteinzeitliche
Artefakte auf. Weitere Geräte und Abfälle bei der Werkzeug-
herstellung barg er beim Sieben des von Kaninchen heraus-
gewühlten Erdreichs. Hubbert war 1965 nach einem Flug-

zeugbau-Studium nach Rüsselsheim gekommen, um beim Automobilhersteller Opel zu arbeiten. Seit 1978 bewohnt er in Bauschheim ein altes Fachwerkhaus.

1973 entdeckte Jürgen Hubbert bei einer Flurbegehung auf einem vom umliegenden Wald ausgesparten Gelände die Fundstelle Rüsselsheim-„Waldhaus" aus der frühen Mittelsteinzeit. Hubbert und Walter Gebhardt bargen dort an einem Wochenende per Hand und mit Küchensieben mindestens 5.000 Artefakte, die im Rüsselsheimer Museum aufbewahrt werden. Die Funde waren auf einer Fläche mit einer Länge von beinahe 10 Metern und einer Breite von gut 1,50 Metern konzentriert. Jene Fläche deutete man als eine große und für ihre Zeit ungewöhnliche Grube, die man phantasievoll zu erklären suchte. Es war die Rede von einer Grube zur Bestattung einer oder mehrerer Personen, einer Grube, in welcher der gesamte Besitz von kranken, verhexten oder unheilbringenden Personen entsorgt wurde, einer Grube, die als Opferstelle diente, einer Grube, in der man abseits der eigentlichen Wohnstelle Rohmaterialien verscharrte, einer Grube, die durch einen Baumwurf entstand, unter dessen Wurzelteller man bei Jagdstreifzügen rastete oder einer natürlichen Sencke zwischen zwei einst vorhandenen gestreckten Dünen.

Außer Stumpertenrod und Fundstätten im Kinzigtal wurden keine weiteren Fundstellen in der Literatur zur hessischen Ur- und Frühgeschichte erwähnt. Dies wandelte sich erst 1977 mit der Einstellung von Lutz Fiedler als Archäologe für die Alt- und Mittelsteinzeit am Landesamt für Denkmalpflege, Außenstelle Marburg. Fortan wurden in der Fundchronik der „Fundberichte aus Hessen" laufend neue Entdeckungen in kurzen Notizen bekannt sowie Feldbegeher und Sammler namentlich erwähnt. 2000 gab die Denkmalfachbehörde diese löbliche Praxis auf.

2003 trug ein ehrenamtlicher Mitarbeiter der Archäologischen Denkmalpflege dem Landesamt brieflich die Idee und das Grundkonzept zur Gründung einer „Arbeitsgemeinschaft Altsteinzeit" in Hessen vor. Diese Idee wurde in die Konzeption „Ehrenamt" des Landesamtes integriert. Die erste Tagung der neu gegründeten Arbeitsgemeinschaft erfolgte am 2. Februar 2004 im Museum Hünfeld. Ziel der „Arbeitsgemeinschaft Altsteinzeit und Mittelsteinzeit" (so ihr heutiger Name) ist die Unterstützung der Archäologischen Denkmalpflege durch wissenschaftliche Nachforschungen, fachkundige Analysen und seriöse Diskussionen. Seit der Gründung steht der Prähistoriker Professor Dr. Lutz Fiedler, einer der führenden Experten für die Alt- und Mittelsteinzeit in Deutschland, der Arbeitsgemeinschaft mir fachlichem Rat zur Seite.

Bis 1953 kannte man in Hessen nur wenige Fundstellen von Steinwerkzeugen und -waffen aus der Mittelsteinzeit. Dazu gehörten die erwähnten Fundstätten bei Bad Orb (Wegscheideküppel), bei Neustadt (Driftsandgrube) und bei Neustadt-Momberg (Huterain). Dann jedoch folgten Entdeckungen im Schwalmgebiet (Riebeldorf, Trutzhain), im Raum Fritzlar (Dissen, Kirchberg. Ungedanken), im Raum Kassel (Hofgeismar), im Raum Arolsen, im Vogelsbergkreis (Stumpertenrod), bei Hattendorf unweit von Alsfeld (alle in Nordhessen) und später auch vermehrt in Südhessen (Rüsselsheim, Groß-Gerau und andere).

Als besonders wichtig erwiesen sich die Funde aus dem Stadtteil Hombressen von Hofgeismar. Dort entdeckte man ein umfangreiches Inventar verschiedener Formen von Steingeräten aus unterschiedlichen Materialien. Die Formen von Hombressen werden allesamt in die ältere Mittelsteinzeit eingestuft. Man barg kleine Klingen, Kratzer, Stichel und Bohrer aus Kieselschiefer, Feuerstein, Quarzit, Basalthornstein sowie zahlreiche Klopfsteine und Retuschegeräte, mit deren Hilfe man all diese Formen hergestellt hatte. Als Seltenheit gilt ein kleines Kernbeil, das wohl als Schneide in ein hackenartiges Holzbearbeitungsgerät gesetzt war. Solche Kernbeile findet man sonst fast nur nördlich der Elbe, wo entsprechendes Rohmaterial vorhanden gewesen ist. Einige Steinplatten aus Hombressen und Stumpertenrod lassen Reibspuren erkennen, die vermutlich von der Verarbeitung organischer Stoffe oder der Zubereitung von Nahrung rühren.

Kennzeichnend für die ältere Mittelsteinzeit sind die in Hombressen entdeckten Mikrolithen. Diese winzigen Spitzen mit einfachen schrägen Retuschen oder in breiter Dreiecksform dienten zur Bewehrung von hölzernen Pfeilschäften. Zahlreiche solcher Mikrolithen aus der älteren Mittelsteinzeit fand man auch in Stumpertenrod im Vogelsberg. Von dort sowie von Weiterhain kennt man zudem Spitzen, deren Schäftungsteil eingekerbt ist. Ihr Aussehen erinnert an Stielspitzen aus der altsteinzeitlichen „Ahrensburger Kultur" (etwa 10.760 bis 9.650 v. Chr.) in Norddeutschland.

Die „Ahrensburger Kultur" war vor allem in Schleswig-Holstein und Niedersachsen verbreitet, gebietsweise aber auch in Mecklenburg, Brandenburg, Nordrhein-Westfalen, Rheinland-Pfalz und Luxemburg. Den Begriff „Ahrensburger Kultur" hat 1928 der damals in Hambug lehrende Prähistoriker Gustav Schwantes (1881–1960) geprägt. Benannt wurde die „Ahrensburger Kultur" nach einigen Fundstellen in der Umgebung der etwa 25 Kilometer nordöstlich von Hamburg gelegenen Stadt Ahrensburg in Schleswig-Holstein. Zu diesen Fundstellen gehören Borneck, Hagewisch, Hopfenbach und Poggenwisch. Die Ahrensburger Jäger erlegten mit Pfeil und Bogen sowie Wurfspeeren vor allem in Herden auftretende Rentiere.

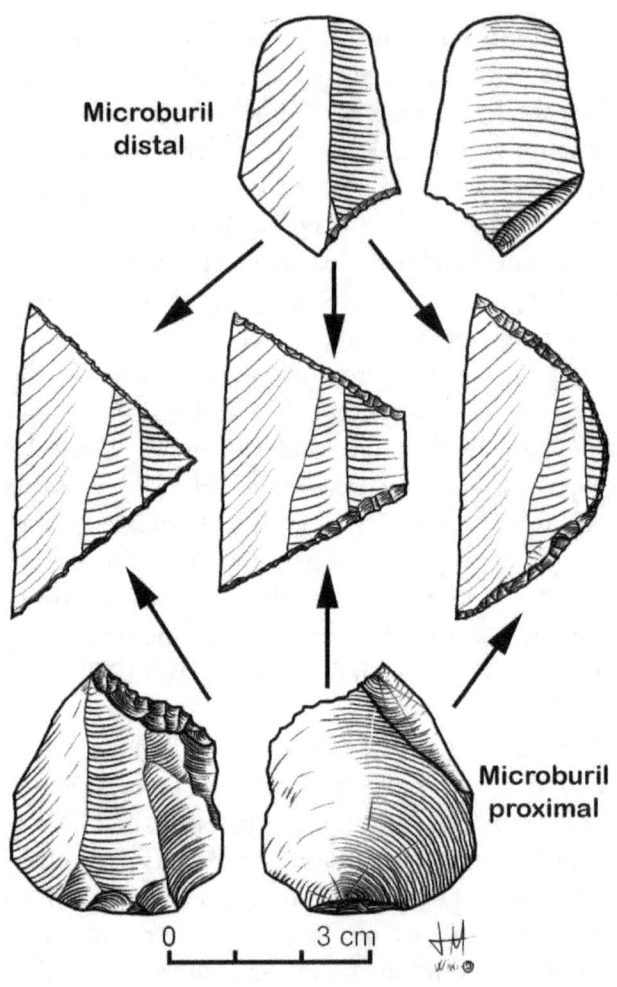

Microburil distal

Microburil proximal

0   3 cm

Herstellung von geometrischen Mikrolithen (Dreieck, Trapez, Segment).
Zeichnung: José-Manuel Benito Álvarez (Spanien) / CC BY-SA 2.5
(via Wikimedia Commons),
lizensiert unter Creative-Commons-Lizenz by-sa-2.5,
https://creativecommons.org/licenses/by-sa/2.5/legalcode

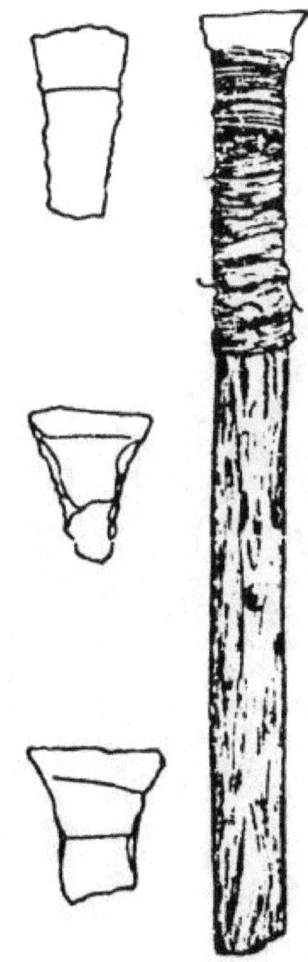

Mittelsteinzeitliche Pfeilspitze (Querschneider)
von Tværmose (Dänemark).
Zeichnung aus einer Publikation
des englischen Prähistorikers John Grahame Clark (1907–1995)
von 1936

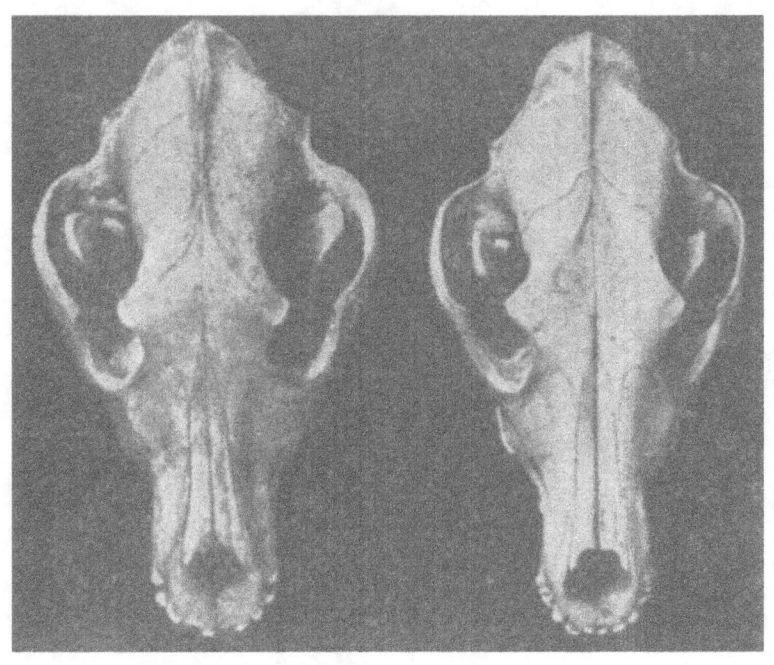

*Senckenberghund (links) aus der frühen Mittelsteinzeit
und Dingo aus dem heutigen Australien (rechts).
Foto aus „Natur und Museum" (1936)*

Der jüngeren Mittelsteinzeit werden Steingeräte aus Dissen, Hattendorf und Riebelsdorf in Nordhessen zugerechnet. Zum Fundgut von Riebelsdorf zählen gestreckte Dreiecksmikrolithen und trapezförmige Pfeilschneiden – sogenannte Querschneider. Vielleicht sind eine 14,7 Zentimeter lange Axt aus Hirschgeweh von Meinhard-Grebendorf und eine 18,4 Zentimeter lange, aus Geröll angefertigte Spitzhaue von Berkatal-Frankenshausen (beide im Werra-Meißner-Kreis in Nordhessen) ebenfalls in dieser Zeit entstanden.

Dank etlicher neu motivierter Feldbegeher wuchs ab Ende der 1970er Jahre die Zahl mittelsteinzeitlicher Fundstellen in Hessen merklich an. Nun barg man auch vermehrt Artefakte, die vorher in der Mittelgebirgsregion nicht bekannt und erwartet wurden. Nämlich einzelne Kern- und Scheibenbeile aus Kieselschiefer, Quarzit, Feuerstein (Flint) und Chalzedon. Walzenbeile, durchlochte Spitzhauen und rundliche Keulenköpfe aus Felsgestein waren zuvor bereits bei Erdarbeiten ans Tageslicht geraten. Bereits 1953 beschrieb der Prähistoriker Otto Uenze (1905–1962) erstmals ein Walzenbeil aus Hessen, das man bei Wittelsberg im Kreis Marburg gefunden hatte, sowie zwei Spitzhauen aus der Werra bei Frankershausen.

Im Senckenberg-Moor in Frankfurt am Main gelang der Nachweis, dass die mittelsteinzeitlichen Jäger in Hessen bereits Haushunde besaßen.[8] Dort fand man Skelettreste eines Hundes, der etwa so groß wie ein heutiger Pudel oder Spitz war und einem jetzigen Dingo ähnelte. Die schräggestellten und etwas ineinandergeschobenen Backenzähne dieses Tieres lassen auf eine bemerkenswerte Verkürzung des Gesichtsschädels schließen. Diese gilt als eindeutiges Merkmal dafür, dass es sich um ein Haustier handelt. Der „Senckenberghund" kam zusammen mit dem Skelett eines Auerochsen *(Bos primigenius)* zum Vorschein. 1936 vermutete der Frankfurter Zoologe Robert Mer-

Mittelsteinzeitliche Hirschjäger in Star Carr,
North Yorkshire (England).
Diese Jäger hatten bereits Hunde.
Bild: In „Illustrated London News" im Februar 1951
veröffentlichte Zeichnung von Alan Sorrel (1904–1974).
Wegen der Feuchtbodenerhaltung gilt Star Carr
als die an Artefakten aus Holz und Knochen reichste
mesolithische Fundstätte Englands.

tens (1894–1975), der Hund habe an dem erlegten Auerochsen seinen Hunger gestillt. Gestützt wird dies durch Bisspuren an Oberarm- und Oberschenkelknochen des Auerochsen. Die Zähne im Hundeschädel passen zu den Fraßrillen an den Auerochsenknochen. Eine Untersuchung von Pollen an den Knochen des „Senckenberghundes" und des Auerochsen ergab, dass beide Tiere um 9.000 v. Chr. starben. Über den Auerochsen heißt es, er sei erlegt worden oder im Moor ertrunken.

Skelettreste von mittelsteinzeitlichen Hunden wurden in England (Star Carr), an mehreren Orten in Deutschland (Euerwanger Bühl in Bayern, Senckenberg-Moor in Frankfurt am Main in Hessen, Erfttal bei Bedburg in Nordrhein-Westfalen, Abri I am Bettenroder Berg in Niedersachsen, Hohen Viecheln und Tribsees in Mecklenburg) und Dänemark (Maglemose) entdeckt.

Außer dem Fleisch von Säugetieren, Fischen und Vögeln verzehrten die Menschen der Mittelsteinzeit in Hessen mancherlei Früchte, Beeren, Haselnüsse, Kräuter und Samen. Das Fleisch wurde meist über offenem Feuer gebraten. Haselnüsse schätzte man besonders, wenn sie geröstet waren. Vielleicht sind geröstete Haselnüsse und andere vegetarische Kost zuweilen zerstampft und zu Brei oder Fladen verarbeitet worden.

Am mittelsteinzeitlichen Fundort Haiger-Sechshelden (Lahn-Dill-Kreis) barg Berthold Greb, ein Mitglied der Arbeitsgemeinschaft Altsteinzeit und Mittelsteinzeit Hessen, 1998 das weniger als 4 Zentimeter lange Gehäuse einer verzierten fossilen Schmuck-schnecke aus dem Tertiär vor etwa 65 bis 2,6 Millionen Jahren. Dabei handelt es sich um eine Gattung der Flügelschnecken oder Fechterschnecken (Strombiden). Dieses Fossil kommt erst in mehr als 100 Kilometer Entfernung vor. Das Schneckengehäuse ist mit parallelen Reihen von punkt-

Einbaum von Pesse, Provinz Drenthe (Niederlande),
im August 1955 bei Bauarbeiten zur Autobahn Rijksweg 28
im kleinen Moor Blikkenveen entdeckt.
Foto: Drenthe-Museum / CC BY 3.0 (via Wikimedia Commons),
lizensiert unter Creative-Commons-Lizenz by-3.0,
https://creativecommons.org/licenses/by/3.0/legalcode

förmigen Einstichen sowie annähernd rechtwinklig darauf
stoßenden Punktreihen verziert, die durch starken Druck mit
einem spitzen Steingerät erzeugt wurden. Ob die Punkte etwas
darstellen (zum Beispiel ein Tier), weiß man nicht.
Belege für mittelsteinzeitliche Schifffahrt auf hessischen
Gewässern liegen bisher nicht vor. Als eindrucksvollstes
Belegstück für Schifffahrt zu jener Zeit gilt der im August 1955
entdeckte, fast 3 Meter lange, nahezu 45 Zentimeter breite und
ungefähr 30 Zentimeter hohe Einbaum aus einem Moor bei
Pesse in der holländischen Provinz Drenthe. Eine radio-
metrische Altersdatierung ergab, dass dieser Einbaum um 6.315
v. Chr. hergestellt worden ist. Vielleicht wurde jenes Wasser-
fahrzeug beim Fischfang und Aufsuchen von Muschelbänken
benutzt. In Norddeutschland hat man Paddel aus der Mittelsteinzeit in Duvensee (Kreis Herzogtum Lauenburg) und in
Gettorf (Kreis Rendsburg-Eckernförde) entdeckt, in Ost-
deutschland in Friesack 4 (Kreis Havelland). Je ein Paddel
konnte auch in Holmegård auf Seeland (Dänemark) sowie in
Star Carr (England) geborgen werden.
Im Sommer 2011 kam bei einer Ausgrabung unter Leitung
des Prähistorikers Klaus Gerken bei Bierden (Kreis Verden) in
Niedersachsen die bisher älteste Frauendarstellung in Norddeutschland zum Vorschein. Die Fundstelle liegt etwa 1,6
Kilometer vom heutigen Flusslauf der Weser entfernt auf
einem Schwemmsandrücken. Diese erhöhte Stelle diente Jägern
und Sammlern in der frühen Mittelsteinzeit als Lagerplatz. Bei
dem Kunstwerk handelt es sich um die eingravierte Darstellung
eines Frauenkörpers auf einem 5 mal 7 Zentimeter großen
Sandstein. Der als Retuscheur verwendete Stein weist Ritz-,
Schliff- und Politurspuren auf. Man hat ihn zum Abschla-gen
von Kanten anderer Steingeräte und zum Glätten weicher
Materialien verwendet. Nach der Gravur wurde er seltener zur

Venus von Bierden (Kreis Verden) in Niedersachsen
in der Ausstellung „Bewegte Zeiten. Archäologie in Deutschland"
in Berlin. Größe des Sandsteins 5 mal 7 Zentimeter.
Foto: Henning Haßmann / CC BY-SA 3.0
(via Wikimedia Commons),
lizensiert unter Creative-Commons-Lizenz by-sa-3.0,
https://creativecommons.org/licenses/by-sa/3.0/legalcode

Bearbeitung von Steinmaterial genutzt. Wegen der Fundsituation datiert man den Retuscheur auf ungefähr 9.000 v. Chr. Die Gravur stellt mit zwei Ritzlinien vielleicht die Beinpartie und den Körper einer nackten Frau dar. Auf den ersten Blick wirken die Ritzlinien wie eine Frontalansicht auf eine Frau. Wie bei Frauendarstellungen aus der Altsteinzeit sind weder der Kopf noch die Füße zu sehen. Zwischen den Beinen deutet eine Kerbe den Schambereich an. In der Gegend des Bauchnabels ist eine kleine Mulde erkennbar, die entweder absichtlich geschaffen wurde oder nur unabsichtlich entstand. Nach einer anderen Deutung stellt die stärker gebogene Linie rechts die Seitenansicht einer Frau mit üppigem Gesäß dar. Gesäßbetonte Darstellungen sind in der Alt- und Jungsteinzeit keine Seltenheit. Womöglich zeigt die stärker ausgeprägte Linie in der Seitenansicht den Bauch einer schwangeren Frau.

Im Vergleich mit den altsteinzeitlichen Gravierungen auf Steinplatten von Gönnersdorf in Rheinland-Pfalz wirken die mittelsteinzeitlichen Kunstwerke aus Deutschland armselig. In Gönnersdorf, einem Ortsteil des Stadtteils Feldkirchen der Stadt Neuwied in Rheinland-Pfalz, haben die einstigen Bewohner einer Siedlung vor rund 15.500 Jahren etwa 200 Darstellungen von Tieren und rund 400 von Frauen in grauschwarzen Schieferplatten eingraviert, die in den Behausungen als Fußboden dienten. Unter den Tierdarstellungen überwiegen vor allem Wildpferde (74 Motive) und Mammute (61 Motive). Wesentlich seltener wurden Fellnashörner und Hirsche abgebildet. Nur je einmal sind Elch (oder Saiga-Antilope), Auerochse, Wisent, Wolf und Höhlenlöwe (ohne Kopf) dargestellt. Andere Motive zeigen Fische, Vögel (Wasservögel), Schneehuhn, Kolkrabe und Robben. All diese Tiergravierungen wirken sehr realistisch. Die größte von ihnen ist ein 50 Zentimeter erreichendes Wildpferd. Frauen sind in strenger Profilansicht

Schieferplatte von Gönnersdorf, ein Ortsteil des Stadtteils Feldkirchen
der Stadt Neuwied in Rheinland-Pfalz,
mit Frauendarstellungen (Venusdarstellungen)
aus der Altsteinzeit vor etwa 15.500 Jahren.
Foto: Regina Hecht (via Wikimedia Commons),
Lizenz: GNU Free Documentation License, Version 1.2

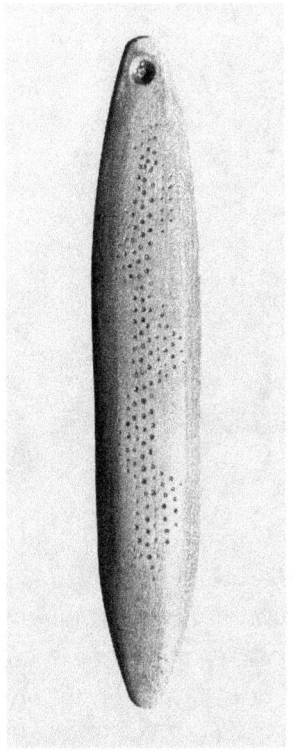

Musikinstrument aus der Mittelsteinzeit:
knöchernes Schwirrgerät von Pritzerbe,
Ortsteil der Stadt Havelsee (Kreis Potsdam-Mittelmark)
in Brandenburg.
Länge 12,8 Zentimeter.
Foto: Museum für Ur- und Frühgeschichte Potsdam

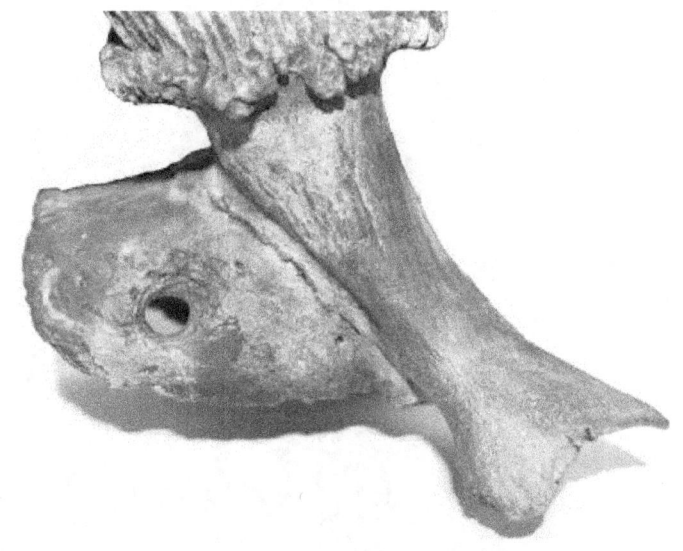

*Detailaufnahme einer der beiden Hirschschädelmasken
mit Durchbohrung am Hinterkopf
aus dem Erfttal bei Bedburg (Erftkreis) in Nordrhein-Westfalen..
Die Maske wurde vermutlich
mitsamt Fell und Ohren des Hirsches
von einem mittelsteinzeitlichen Zauberer getragen.
Foto: Rheinisches Landesmuseum Bonn*

mit nur einem Arm und einer Brust sowie mit auffällig betontem Gesäß abgebildet. Der Kopf ist niemals zu sehen. Auch die Füße fehlen fast immer. Die jungen Mädchen oder Frauen befinden sich in der Halbhocke oder sogar im Sprung. Nicht selten sind die Frauenfiguren hintereinander aufgereiht. Oder man kann zwei einander zugewandte Frauen erkennen. Es gibt bisher keine Erklärung dafür, weshalb man in Gönnersdorf so viele Frauen – und fast keine Männer – in die Schieferplatten eingravierte.

Auf Musik und Tanz in der Mittelsteinzeit weisen Funde außerhalb von Hessen hin. Ein außen teilweise beschnittenes, längs-durchlochtes Zweigfragment mit zungenartigem Ende aus Friesack (Kreis Havelland) in Brandenburg lässt sich als Flöte deuten. Aus Pritzerbe, einem Ortsteil der Stadt Havelsee (Kreis Potsdam-Mittelmark) in Brandenburg, ist ein 12,8 Zentimeter langes knöchernes Schwirrgerät bekannt. Mit einem solchen Gerät konnte man einen wechselnden hohen und tiefen Summton erzeugen, wenn man es an einem Riemen hängend rasch kreisen ließ. Einige von Menschenhand bearbeitete Stücke aus dem Holz von Haselnusssträuchern aus Hohen Viecheln (Kreis Nordwestmecklenburg) gelten als Pfeifen – allerdings nur zum Anlocken von Vögeln bei der Jagd. Tanz ist durch die Gravierung eines Tänzers auf einer Geweihaxt aus der Eckernförder Bucht (Kreis Rendsburg-Eckernförde) in Schleswig-Holstein belegt.

Womöglich hat der Schamane oder Zauberer eines jeden Stammes über die Einhaltung religiöser Vorschriften gewacht. Ihm oblag auch die Durchführung magischer Riten. Dabei soll er sich meist durch eine unheimlich wirkende Verkleidung – wie etwa eine Hirschschädelmaske vor dem Gesicht, ein Tierfell mit Schwanz als Umhang und andere tierische Attribute – in eine übernatürliche Mischung aus Mensch und Tier verwandelt

Die Schamanen der sibirischen Tungusen tanzten
noch im frühen 18. Jahrhundert in ähnlich abenteuerlicher Aufmachung
wie die mittelsteinzeitlichen Zauberer in Deutschland,
von denen man Hirschschädelmasken gefunden hat.
Obige Zeichnung zeigt einen Schamanen der Tungusen,
wie ihn der holländische Reisende Nicolaas Witsen (1611–1717)
beobachtet hat.

Tanzender Zauberer (Schamane) mit Hirschschädelmaske.
Derartige Hirschschädelmasken fand man in Nordrhein-Westfalen
Brandenburg und Mecklenburg-Vorpommern.
Zeichnung: Fritz Wendler (1941–1995)
für das Buch „Deutschland in der Steinzeit" (1991)
von Ernst Probst

*Rekonstruktion der Schädelbestattung aus der Mittelsteinzeit
in der Höhle Hohlenstein-Stadel bei Asselfingen (Alb-Donau-Kreis)
in Baden-Württemberg.
Originale in der Osteologischen Sammlung der Universität Tübingen.
Foto: Osteologische Sammlung der Universität Tübingen*

haben. So ausgestattet konnte der Zauberer für reichen Wild- und Fischbestand sorgen, Krankheiten vertreiben und vielleicht auch dafür beten, dass der große Wald, der immer endloser zu werden schien, nicht noch größer wurde. Dies tat er vielleicht, indem er ekstatische Tänze aufführte, an denen sich die übrigen Stammesgenossen beteiligten, die dann ebenfalls in Verzückung gerieten. Hirschschädelmasken sind aus Nordrhein-Westfalen (Erfttal bei Bedburg, Erftkreis), Brandenburg (Berlin-Bliesdorf) und Mecklenburg (Hohen Viecheln, Kreis Wismar; Plau am See, Kreis Ludwigslust-Parchim) bekannt.

Eine Schamanin, deren Grab 1934 in Dürrenberg (seit 1935 Bad Dürrenberg) in Sachsen-Anhalt) entdeckt wurde, konnte durch das Drehen ihres Kopfes die Blut- und Sauerstoffzufuhr in ihr Gehirn reduzieren oder gar unterbrechen und sich so in Trance versetzen. Möglich wurde dies durch den nicht vollständig ausgebildeten obersten Halswirbel der Frau und einen ungewöhnlichen Verlauf eines Blutgefäßes am Übergang vom Hals zum Kopf.

Wie die Menschen der Mittelsteinzeit in Hessen ihre Verstorbenen behandelten, weiß man nicht, da bisher kein Grab und kein Skelett aus diesem Zeitabschnitt gefunden wurde. Dagegen hat man in Baden-Württemberg, Bayern, Niedersachsen, Nordrhein-Westfalen, Thüringen, Sachsen-Anhalt, Sachsen, Brandenburg und Mecklenburg-Vorpommern mittelsteinzeitliche Gräber und Skelettreste entdeckt, die teilweise makabre Bräuche wie Schädelkult oder Leichenzerstückelung widerspiegeln.

Baden-Württemberg
In Baden-Württemberg hat man in der Falkensteinhöhle bei Thiergarten (Kreis Sigmaringen), in der Höhle Hohlenstein-Stadel bei Asselfingen (Alb-Donau-Kreis) und in Blaubeuren-Altental (Alb-Donau-Kreis) menschliche Skelettreste ge-

*Schädelbestattung in der Großen Ofnethöhle
bei Holheim (Kreis Donau-Ries) in Bayern.
Zeichnung des paläontologischen Zeichners
Anton Birkmaier (1869–1926) aus München,
die er nach einer Fotografie anfertigte*

borgen. Die Knochen eines etwa 30 bis 40 Jahre alten, rund 1,70 Meter großen Mannes aus der Falkensteinhöhle, der um 7.200 v. Chr. lebte, wurden 1933 von dem Oberpostrat i. R. Eduard Peters (1869–1948) entdeckt. Bei dem Fund vom Sommer 1937 im Hohlenstein-Stadel mit einem Alter von mindestens 6.400 v. Chr. handelt es sich um drei Schädel, die der Tübinger Geologe und Prähistoriker Otto Völzing (1910–2001) und der Tübinger Anatom Robert Wetzel (1898–1962) bargen. Die Schädel stammen von einer ca. 20 Jahre alten Frau, einem etwa 20- bis 30jährigen Mann und einem zwei- bis vierjährigen Kind. In Blaubeuren-Altental entdeckte man zwischen 1949 und 1951 insgesamt 18 Skelettelemente, die von mindestens vier Menschen stammen. Altental heißt ein Weiler, der etwa 2,5 Kilometer von Blaubeuren entfernt ist. Die ersten Funde kamen im Herbst 1949 bei der Anlage eines kleinen Parkplatzes unterhalb des Schotterwerkes E. Merkle dicht an einem Felsen im Blautal ans Tageslicht. Der Besitzer des Schotterwerkes, Eduard Merkle (1904–1951), barg einen Schädel. Zwischen 1949 und 1951 fand der Oberstudiendirektor Albert Kley (1901–2001) aus Geislingen bei der Nachsuche weitere Skelettelemente. Eine AMS-14C-Datierung des Schädels ergab ein Alter um 7.250 v. Chr. Unter dem Felsdach Inzigkofen (Kreis Sigmaringen) befand sich ein einzelner menschlicher Backenzahn aus der späten Mittelsteinzeit. In der Jägerhaushöhle bei Fridingen-Bronnen (Kreis Tuttlingen) lagen zwei Kinderzähne aus der späten Mittelsteinzeit.

Bayern
Die meisten Knochenreste von Menschen aus der Mittelsteinzeit in Deutschland wurden 1908 von dem Tübinger Prähistoriker Robert Rudolf Schmidt (1882–1950) in der Großen Ofnethöhle bei Holheim (Kreis Donau-Ries) in Schwaben

*Schädel einer Frau aus der Mittelsteinzeit
aus der Blätterhöhle am Weißenstein im Lennetal (Stadt Hagen)
in Nordrhein-Westfalen. Fund von 2004.
Foto: Ingo Kramer www.volmefoto.de / CC BY-SA 3.0
(via Wikimedia Commons),
lizensiert unter Creative-Commons-Lizenz by-sa-3.0,
https://creativecommons.org/licenses/by-sa/3.0/legalcode*

(Bayern) entdeckt. Dort kamen insgesamt 34 Schädel von Männern, Frauen und Kindern zum Vorschein. Lange Zeit hatte man nur von 33 Schädeln gesprochen. Bei einer Nachuntersuchung der Ofnet-Schädel entdeckte 1936 der Münchner Anthropologe Theodor Mollison (1874–1952), dass man diesen Menschen den Schädel eingeschlagen hatte. In die Mittelsteinzeit wird auch der Schädel eines etwa 25 bis 35 Jahre alten Mannes datiert, der 1913 in Nähe des Eingangs der Halbhöhle Hexenküche am Kaufertsberg bei Lierheim (Kreis Donau-Ries) in Schwaben gefunden wurde. Mittelsteinzeitliches Alter sollen auch die Skelettreste von drei Menschen haben, die im Sommer 1982 im Innenhof von Burg Nassenfels (Kreis Eichstät) in Oberbayern geborgen wurden. Sie stammen von zwei Kindern im Alter von 2 und 4 Jahren sowie einem Jugendlichen zwischen 14 und 16 Jahren.

Hessen
Von den Menschen aus der Mittelsteinzeit in Hessen liegen bisher keine mit Sicherheit datierbaren Skelettreste vor. Vielleicht gehört der auf ein Alter zwischen etwa 8.000 und 12.000 Jahren geschätzte Schädel aus Rhünda, einem Stadtteil von Felsberg (Schwalm-Eder-Kreis), in diese Zeit. Dieser Schädel wurde am 20. Juni 1956 von den zehnjährigen Schülern Reinhart Wendel und Günther Otys am Bachufer etwa 80 Zentimeter unter der Erdoberfläche entdeckt. Damals waren sie am Tag nach einem Unwetter mit ihrem Lehrer Eitel Arwad Glatzer (1916–2004) unterwegs. Der Fundort lag an einem neu entstandenen Ufer der Rhünda nahe ihrer Mündung in die Schwalm.

Nordrhein-Westfalen
Aus Nordrhein-Westfalen sind einige Skelettreste von Menschen aus der Mittelsteinzeit bekannt. Jahrzehntelang be-

wahrte man in der ur- und frühgeschichtlichen Sammlung der Stadt Balve ein handtellergroßes menschliches Schädeldach aus der Balver Höhle (Märkischer Kreis) auf, dessen wahres Alter bis 2004 unbekannt war. Jenes Fossil ist bereits 1939 bei einer Grabung entdeckt worden. Nach Auflösung der Sammlung in Balve gelangte der Fund zu Beginn des 21. Jahrhunderts in die Obhut der LWI-Archäologie. Um das Schädeldach in der neuen Dauerausstellung im „LWL-Museum für Archäologie" in Herne richtig platzieren zu können, ließ man sein Alter im Datierungslabor der Universität in Groningen (Niederlande) datieren. Das überraschende Ergebnis: Der Fund stammt aus der frühen Mittelsteinzeit um 8.400 v. Chr.

Teilweise aus der frühen Mittelsteinzeit stammen auch menschliche Knochen, die bei Ausgrabungen in der Blätterhöhle am Weißenstein im Lennetal (Stadt Hagen) zum Vorschein kamen. Ein in die Höhle führendes mit Laub verfülltes Loch wurde 1983 von Spelealogen des „Arbeitskreises Kluterhöhle e. V." entdeckt. Ausgrabungen in der Blätterhöhle erfolgten ab 2006. Etwas Besonderes sind drei von Menschenhand deponierte Oberschädel von ausgewachsenen Wildschweinen, denen die Eckzähne entfernt wurden. An Jagdbeuteresten von Reh und Rotwild sind Schlag- und Zerlegungsspuren zu erkennen. Die menschlichen Skelettreste von mehreren Personen, darunter Kleinkinder und Jugendliche, waren vermutlich bereits bei ihrer Niederlegung in der Blätterhöhle fragmentiert und haben sich wahrscheinlich vorher an einem anderen Platz befunden.

Aus der Mittelsteinzeit könnte auch ein 1911 beim Bau des Rhein-Herne-Kanals in Oberhausen vier Meter tief unter der Erdoberfläche geborgener Oberschädel ohne Zähne stammen. Er wurde durch den Berliner Anatomen Hans Virchow (1852–1940) untersucht und 1911 beschrieben, wobei Virchow ein höheres geologisches Alter nicht ausschloss. Der Originalfund

Bestattung eines Kindes (Grab I)
unter dem Felsdach Abri IX bei Reinhausen (Kreis Göttingen)
in Niedersachsen.
Foto: Landratsamt Göttingen

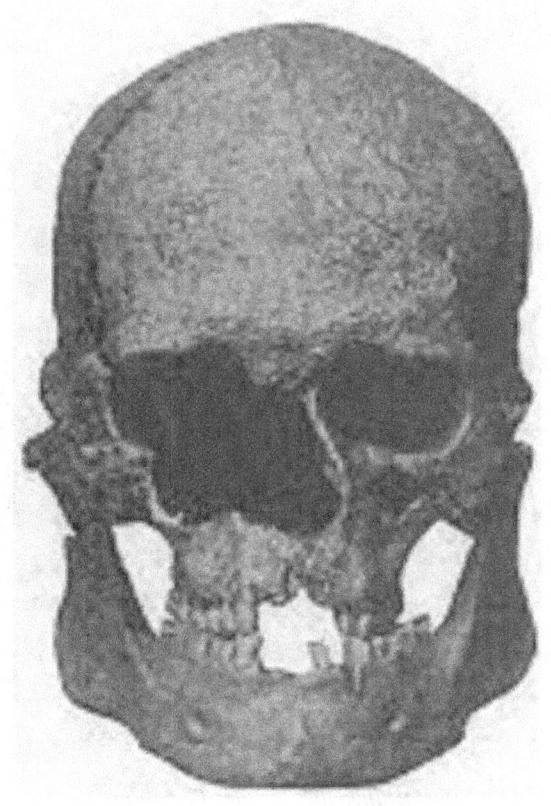

Oberschädelfund von 1939 aus der Mittelsteinzeit
von Bottendorf (Kyffhäuserkreis) in Thüringen,
ergänzt durch einen Unterkieferfund von 1914 aus der Altsteinzeit
von Oberkassel bei Bonn in Nordrhein-Westfalen.
Foto aus Gerhard Heberer / Friedrich-Karl Bicker:
Der mesolithische Fund von Bottendorf a. d. Unstrut.
Anthropologischer Anzeiger, Jahrgang 17, Heft 3/4,
Stuttgart 1940

ging später durch Kriegswirren verloren. Im Bottroper Museum für Ur- und Ortsgeschichte" sowie im „Stadtarchiv Oberhausen" bewahrt man jedoch Abgusskopien auf.

Niedersachsen
Bisher sind zwei Ende der 1980er Jahre entdeckte Kinderskelette wahrscheinlich die einzigen Reste von Menschen aus der Mittelsteinzeit in Niedersachsen. Das erste Kinderskelett (Grab I) in gestreckter Rückenlage mit dem Kopf im Osten wurde 1988 bei Grabungen unter Leitung des Göttinger Kreisarchäologen Klaus Grote unter einem der insgesamt 14 Felsdächer an der Südflanke des Bettenroder Berges bei Reinhausen (Kreis Göttingen) im Abri IX entdeckt. Dabei handelt es sich um das rund 75 Zentimeter große Skelett eines etwa anderthalbjährigen Jungen. Das zweite Kinderskelett (Grab II), auf der rechten Seite liegend mit zum Körper hin angezogenen Knien (Hockerlage), kam 1989 bei den Grabungen von Grote unter demselben Felsdach ungefähr 4 Meter von Grab I entfernt zum Vorschein. Es ist die Bestattung eines ca. 3 Jahre alten Mädchens, das etwa 85 Zentimeter groß war. Die Ergebnisse der 14C-Altersdatierungen von Knochenproben sind sehr widersprüchlich: Grab I kurz nach der Ausgrabung um 9.100 v. Chr. und 2009 um 460 v. Chr., Grab II kurz nach der Ausgrabung um Christi Geburt und 2009 um 800 v. Chr. Der Ausgräber Klaus Grote geht wegen der Lage der beiden Bestattungen und ihrer Beifunde von einer Zeitstellung im Spätmesolithikum aus. An beiden Kinderskeletten ließen sich Mangelerscheinungen im Knochenaufbau nachweisen.

Thüringen
Von den Menschen aus der älteren Mittelsteinzeit in Thüringen kennt man nur aus Bottendorf, Ortsteil von Roßleben-Wiehe

Die Schauspielerin, Gästeführerin und Buchautorin Petra Paetzold,
stilvoll gekleidet als „Schamanin von Bad Dürrenberg".
Das Künstler-Ehepaar Frank Paetzold und Petra Paetzold
aus Bad Dürrenberg
veröffentlichte die siebenbändige Buchreihe „Herr Engel erzählt",
durch die Kinder und Jugendliche
die Geschichte ihrer Heimat kennenlernen sollen.
Der erste Band „Die Schamanin von Bad Dürrenberg"
erschien 2019.
Foto: Uwe Heinze

(Kyffhäuserkreis), aussagekräftige Skelettreste. Die Fundgeschichte der Gräber in Bottendorf begann am 14. März 1939 mit der Entdeckung eines menschlichen Skeletts durch den Arbeitsdienst. Am Tag darauf barg der Prähistoriker Friedrich Karl Bicker (1908–1967) aus Halle/Saale dieses von einem erwachsenen Mann stammende Skelett. Es wird in der Fachliteratur als Bottendorf I erwähnt. Ein weiterer erwachsener Mensch (Bottendorf II/1) sowie ein sieben bis acht Jahre altes Kind (Bottendorf II/2) wurden am 25. März 1939 entdeckt. Die drei mittelsteinzeitlichen Toten von Bottendorf wurden mitten in der Siedlung bestattet. Vielleicht ist dies ein Hinweis dafür, dass man jenen Menschen auch nach dem Tode noch nahe sein wollte. Das am 15. März 1939 in Bottendorf geborgene Männerskelett wurde als „sitzender Hocker" vorgefunden, wodurch vielleicht die Vorstellung vom „Lebenden Leichnam" zum Ausdruck kommt. Dieser Fund war wie die beiden übrigen mittelsteinzeitlichen Skelette von Bottendorf mit Rötel als der Farbe des Lebens oder zumindest der Festlichkeit bedeckt.

Sachsen-Anhalt

In Dürrenberg, seit 1935 Bad Dürrenberg, heute im Saalekreis in Sachsen-Anhalt, kamen am 4. Mai 1934 bei Kanalisationsarbeiten mitten im Kurpark die Skelettreste einer 25 bis 35 Jahre alten Frau und eines Kleinkindes im Alter von einem halben bis einem Jahr zum Vorschein. Sie wurden in großer Eile durch den Restaurator Wilhelm Henning aus Halle/Saale geborgen, da der Kurpark bereits am nächsten Tag eingeweiht werden sollte. Die Frau war fast 1,60 Meter groß. Man hatte sie in hockender Haltung mit dem Säugling zwischen den Oberschenkeln bestattet. Ungewöhnliche Grabbeigaben der Frau (Rehgeweih, Tierzahnanhänger und Schildkrötenpanzer)

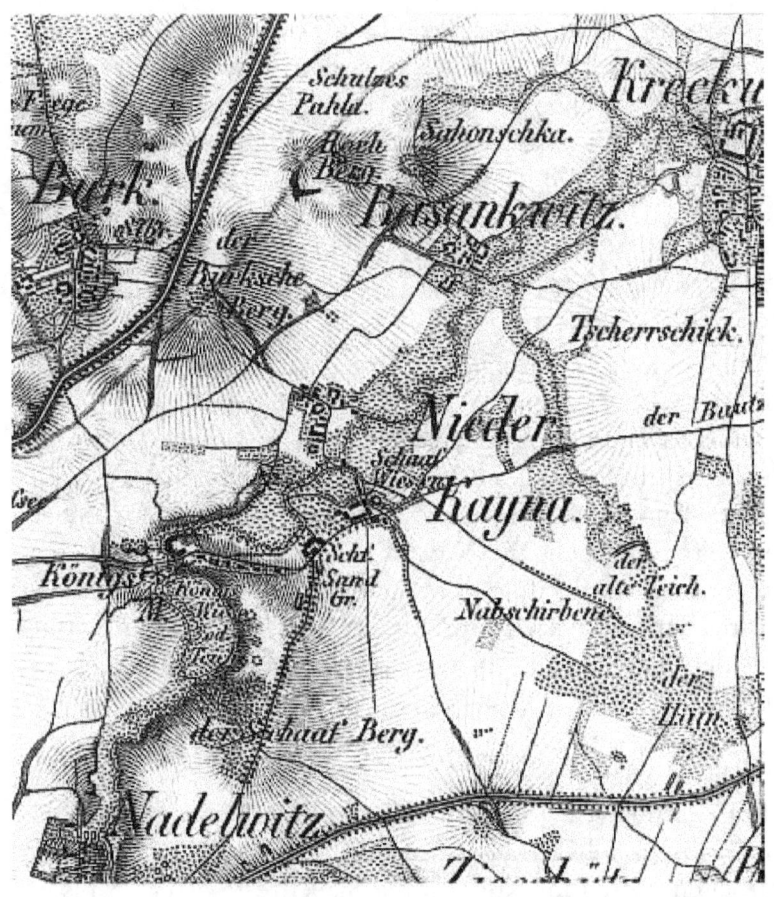

Niederkaina (früher Nieder-Kayna) auf einer Karte von 1844/46.
Der Schafberg (früher Schaafberg) liegt südwestlich von Niederkaina.
Bild: Deutsche Fotothek, Archivar Günter Rapp (1935–1990)
(via Wikimedia Commons),
Lizenz: gemeinfrei (Public domain)

werden als Requisiten einer Schamanin gedeutet. Die Bestattung in Bad Dürrenberg wurde 1977 von dem Prähistoriker Volkmar Geupel aus Dresden in die späte Mittelsteinzeit datiert, in der Jäger, Fischer und Sammler bereits Kontakte zu den jungstein- zeitlichen Bauern der Linienbandkeramischen Kultur (etwa 5.500 bis 4.900 v. Chr.) hatten. Bestattungssitte und Beigaben sprechen angeblich für die Mittelsteinzeit, eine ebenfalls mitge- gebene Flachhacke aus Hornblendeschiefer stammt dagegen bereits aus dem jungsteinzeitlichen Kulturmilieu. Die Radio- karbon-Datierung ergab allerdings ein Alter zwischen etwa 7.000 und 6.200 v. Chr., was gegen Kontakte der mittelstein- zeitlichen Jäger, Fischer und Sammler mit jungsteinzeitlichen Ackerbauern und Viehzüchtern spricht.

Weitgehend erhalten ist das Skelett einer mehr als 50jährigen Frau, das im Juli 1984 auf dem Weinberg südlich von Unseburg (Salzlandkreis) in Sachsen-Anhalt gefunden wurde. Diese Bestattung kam bei Grabungen des Landesmuseums für Vorgeschichte in Halle/Saale zum Vorschein, an der sich auch andere Helfer beteiligten. Die Frau ruhte auf der linken Seite mit zum Körper angezogenen Beinen. Ihre Grabbeigaben – Feuersteinabschläge und zwei Dreiecksmikrolithen aus Feuer- stein – ließen erkennen, dass sie in der Mittelsteinzeit gelebt hatte. Sie war 1,57 Meter groß.

Sachsen
Nach der Bestattungssitte zu schließen, gehört ein 1930 auf dem Schafberg bei Niederkaina (Kreis Bautzen, obersorbisch: Wokrjes Budysin) in Sachsen entdecktes Grab in die späte Mittelsteinzeit. Im dortigen Sandboden waren die menschlichen Knochen bei der Entdeckung des Grabes jedoch schon verwest. Sandboden entzieht Knochen das Kalzium, weshalb sie dann schneller zerfallen.

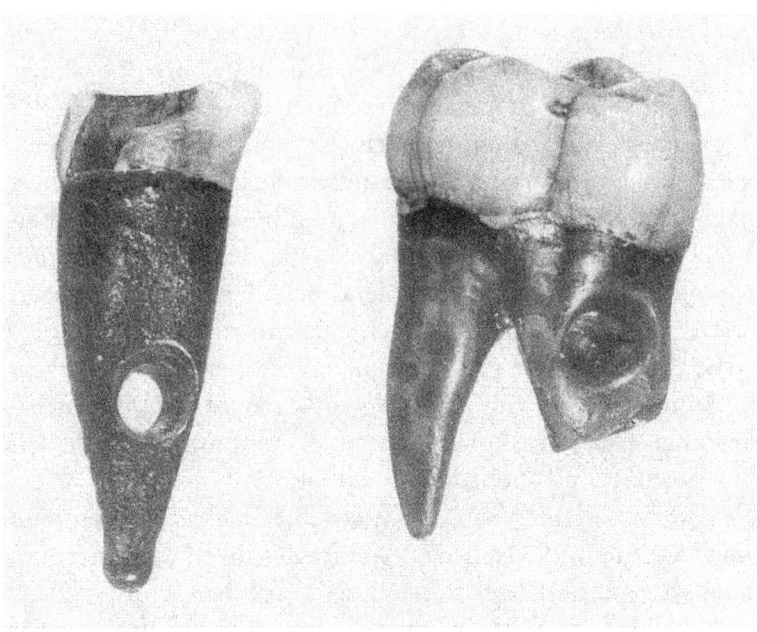

Durchbohrte Menschenzähne aus der Zeit
der Duvensee-Gruppe (etwa 7.000 bis 6.000 v. Chr.)
von Friesack 4 (Kreis Havelland) in Brandenburg,
die als Kettenschmuck verwendet wurden.
Links Eckzahn (1,95 Zentimeter hoch), rechts Backenzahn.
Originale im Museum für Ur- und Frühgeschichte Potsdam.
Foto: Museum für Ur- und Frühgeschichte Potsdam

Auch in den 1983 bei Begehungen im Braunkohlen-Tage-
bauvorfeld aufgespürten fünf Gräbern südlich von Schöpsdorf
(Kreis Görlitz) in Sachsen hatten sich die Skelett-reste von Jägern und Sammlern im Sandboden bereits aufgelöst. Diese
Gräber waren auf zwei Dünenkuppen (Fundstelle 2 und Fundstelle 14) verteilt und rund 300 Meter voneinander entfernt.
Ein Grab scheint nahe eines Lagerplatzes angelegt worden zu
sein. Zumindest noch Zahnreste befanden sich in Grab 2 der
Fundstelle 2 und in Grab 1 der Fundstelle 14. Dass es sich um
Bestattungen aus der Mittelsteinzeit handelte, zeigten Rötel-
verfärbungen und in vier Gräbern auch typische Feuerstein-
geräte. Grab 2 von Fundstelle 2 (auch Schöpsdorf 2) enthielt
eine kurze trapezförmige Pfeilspitze, wie sie für die jüngere
Mittelsteinzeit typisch ist. Grab 1 von Fundstelle 14 (Schöpsdorf 14) bestand gleichzeitig wie die bäuerliche Linienbandkeramische Kultur. Das Dorf Schöpsdorf (obersor-bisch:
Sepsecy) wurde 1967 nach Merzdorf eingemeindet und ab 1981
vom Tagebau Bärwalde überbaggert.

Brandenburg
Für einen menschlichen Schädeldachrest und zwei Zähne
vom Fundort Friesack 4 (Kreis Havelland), etwa 60 Kilometer
nordwestlich von Berlin, ist die Zuordnung zur mittelsteinzeitlichen Duvensee-Gruppe (etwa 7.000 bis 6.000 v. Chr.)
gesichert. Diese Kulturstufe ist 1925 von dem Prähistoriker
Gustav Schwantes nach dem Fundort Duvenseer Moor (Kreis
Herzogtum Lauenburg) in Schleswig-Holstein benannt worden.
Der Schädeldachrest und die beiden Zähne von Friesack 4
wurden bei den Grabungen des Potsdamer Prähistorikers Bern-
hard Gramsch am Fundplatz Friesack 4 entdeckt. Dies ist ein
Talsandhügel innerhalb des Warschau-Berliner-Urstromtales,
das in der Weichsel-Eiszeit entstanden ist.

Weg zum Weinberg bei Groß Fredenwalde
(Kreis Uckermark) in Brandenburg,
einem Grab- und Kultplatz der Mittelsteinzeit.
Foto: Aquilla / CC BY-SA 3.0 (via Wikimedia Commons),
lizensiert unter Creative-Commons-Lizenz by-sa-3.0,
https://creativecommons.org/licenses/by-sa/3.0/legalcode

Ein bedeutender Bestattungsplatz aus der jüngeren Mittelsteinzeit zwischen etwa 6.400 und 4.900 v. Chr. lag auf dem
Weinberg bei Groß Fredenwalde (Kreis Uckermark) in Brandenburg. Die dort beerdigten Menschen gelten als die letzten
Jäger, Fischer und Sammler kurz vor der „neolithischen Re-
volution" mit dem Aufkommen von Ackerbau und Viehzucht
in Norddeutschland. Auf den Bestattungsplatz wurde man
1962 beim Ausheben einer Baugrube für einen Signalmast auf
dem Gipfel des Weinbergs aufmerksam. Dabei hat man Skelettreste von sechs Personen notdürftig geborgen: zwei Männer,
30 bis 39 und 40 bis 49 Jahre alt sowie 1,56 Meter groß, eine
Frau, 40 bis 49 Jahre alt sowie 1,52 Meter groß, drei Kinder im
Alter von 3 bis 4, 4 bis 5 und 7 bis 8 Jahren. Die Toten wurden
mit rotem Ocker bestreut und mit Grabbeigaben – Knochen-
pfrieme, Feuersteinklingen und Feuersteinabschläge – versehen.
An einem Schädel befanden sich durchbohrte Tierzahnanhänger, die offenbar auf einem Band aufgefädelt waren. Auf
Initiative des Prähistorikers Thomas Terberger erfolgten 2012,
2014, 2019 und 2020 Nachuntersuchungen auf dem Weinberg.
Bei den Ausgrabungen von 2014 entdeckte man die Reste von
drei Menschen. Ein um 5.000 v. Chr. gestorbener, 25 Jahre alter und 1,56 Meter großer Mann wurde aufrecht stehend in
einer offen gelassenen Grube bestattet. Erst als der Körper
zerfallen war, schüttete man die Grube zu und zündete darüber
ein Feuer an. Weil man ihn mit Feuerstein-Artefakten und zwei
Knochenwerkzeugen als Beigaben ausstattete, betrachtet man
ihn als Handwerker. Aus der Zeit um 6.400 v. Chr. stammt ein
Kleinkind im Alter von etwa einem halben bis einem Jahr, das
man bei der Bestattung mit Ocker bestreut hatte. 2019 und
2020 wurde auf dem Weinberg jeweils ein weiteres Grab entdeckt. Insgesamt hat man von 1962 bis 2020 auf dem Bestattungsplatz von Groß Fredenwalde elf Bestattungen gefunden.

Schweriner Archivar und Prähistoriker
Friedrich Lisch (1801–1883).
Ölgemälde von Theodor Schloepke (1812–1878) um 1865.
Bild (via Wikimedia Commons),
Lizenz: gemeinfrei (Public domain)

Weitere menschliche Skelettreste aus der Mittelsteinzeit in Brandenburg liegen aus Berlin-Schmöckwitz, bei Königs Wusterhausen und Rathsdorf vor. In Berlin-Schmöckwitz, früher ein Fischerdorf, heute ein Ortsteil des Berliner Bezirks Treptow-Köpenick, stieß 1925 der Oberstudiendirektor Karl Hohmann (1886–1969) aus Eichwalde bei Berlin nahe der Dahme auf drei Bestattungen aus der älteren Mittelsteinzeit. Bei einer davon handelte es sich um einen 1,55 bis 1,60 Meter großen Mann mit bemerkenswert großem Schädel.

Von dem Amateur-Archäologen Karl Hohmann wurde 1956 auch der Bericht über eine mittelsteinzeitliche Bestattung veröffentlicht, die 1955 in Kolberg am Wolziger See (Kreis Dahme-Spreewald) entdeckt worden war. Dort hatte man eine etwa 20 bis 25 Jahre alte Frau mit einer Körpergröße von 1,42 Meter begraben.

2008 fand man vor dem Bau einer neuen Erdgasleitung (Ostsee-Pipeline-Anbindungsleitung = „Opal") in Rathsdorf (Kreis Märkisch-Oderland) in etwa 85 Zentimeter Tiefe ein weibliches Skelett aus der späten Mittelsteinzeit. Auf dieses war man durch ein bei der Probegrabung unter Leitung von Ralph Lehmpfuhl entdecktes Schlüsselbein aufmerksam geworden. Zu den Grabbeigaben der Frau gehörten eine Knochenspitze, drei Feuersteinartefakte und mindestens 134 Tierzähne.

Mecklenburg-Vorpommern
Eine Einstufung in die mittelsteinzeitliche Duvensee-Gruppe wird für die Skelettreste von drei Menschen aus Nehringen (Kreis Vorpommern-Rügen) und ein Skelett aus Plau am See (Kreis Ludwigslust-Parchim), beide in Mecklenburg-Vorpommern, erwogen.

Die Skelettreste von drei Menschen in angeblich sitzender Hockerstellung aus Nehringen wurden 1923 entdeckt. Bei ihnen sollen sich einige einfache Feuersteinklingen befunden haben. Diese Skelettreste hat man weder fachmännisch geborgen, noch existieren davon Zeichnungen, Fotos oder exakte Beschreibungen dieser Funde. Auch ihr Verbleib ist leider unbekannt. Auf das Skelett aus Plau am See stieß man 1846 in dem Weinberg, der heute Klüschenberg heißt. Es lag etwa 1,80 Meter tief unter der Erdoberfläche im Kiessand. Bedauerlicherweise wurde dieser seltene Fund von Arbeitern zerschlagen. Die Skelettreste gelangten in den Besitz eines Einwohners aus Plau, der sie dem als Heimatforscher bekannten Pastor Johann Ritter (1799–1880) aus Vietlübbe schenkte. Der Fund wurde 1847 durch den Schweriner Archivar und Prähistoriker Friedrich Lisch (1801–1883) beschrieben.

Jäger der Steinzeit. Gemälde des russischen Malers
Wiktor Michailowitsch Wasnezow (1848–1926).
Bild (via Wikimedia Commons,
Lizenz: gemeinfrei (Public domain)

Der Begriff Holozän wurde um 1867
durch den Pariser Zoologen und Paläontologen
Paul Gervais (1816–1879) eingeführt.
Porträt aus Popular Science Monthly Volume 31
(via Wikimedia Commons),
Lizenz: gemeinfrei (Public domain)

Anmerkungen

1] Der Begriff Holozän wurde um 1867 durch den Pariser Zoologen und Paläontologen Paul Gervais (1816–1879) geprägt. Dieser Name fußt darauf, dass im Holozän (griechisch: holos = ganz, kainos [latinisiert: caenus] = neu) die Mollusken mit wenigen Ausnahmen bereits den heutigen entsprachen.

2] Der Name Präboreal (Zeit vor dem Boreal) wurde vermutlich um 1876 durch den norwegischen Botaniker und Geologen Axel Blytt (1843–1918) geprägt. Blytt arbeitete ab 1865 am Christiana Herbarium der Universität Oslo, zunächst als Konservator, ab 1880 als Professor.

3] Auch der Ausdruck Boreal wurde vermutlich um 1876 von Axel Blytt (s. Anm. 2) eingeführt

4] Auch der Begriff Atlantikum wurde vermutlich um 1876 von Axel Blytt (s. Anm. 2) verwendet.

5] Der Schädel aus Rhünda wurde am 20. Juni 1956 von den zehnjährigen Schülern Reinhart Wendel und Günther Otys am Bachufer etwa 80 Zentimeter unter der Erdoberfläche entdeckt. Damals waren sie am Tag nach einem Unwetter mit ihrem Lehrer Eitel Arwed Glatzer (1916–2004) unterwegs. Der Fundort lag an einem neu entstandenen Ufer der Rhünda nahe ihrer Mündung in die Schwalm. Glatzer war von 1949 bis 1981 Schulleiter in Rhünda. Von 1964 bis 1984 fungierte der ehemalige Fußballspieler als Hessens oberster Schiedsrichterausbilder. Seine 1950 geborene Tochter Gerlinde feierte als Tischtennissspielerin große Erfolge.

6] Auf den Lagerplatz Hombressen stieß im März 1974 der Amateur-Archäologe Helmut Burmeister aus Hofgeismar. Er arbeitete bis zu seiner Pensionierung als Gymnasiallehrer an der Albert-Schweitzer-Schule in Hofgeismar. Von 1972/73 bis

2014 oblag ihm die Redaktion des Jahrbuches des Landkreises Kassel. Seit 1977 ist er ehrenamtlicher Leiter des Stadtmuseums Hofgeismar.

7] Der Lagerplatz Stumpertenrod wurde – wie erwähnt –durch den Landwirt Willi Dietz (1898–1971) auf seinem Flurstück „Feuersteinäcker" entdeckt. Der Name „Feuersteinäcker" beruht darauf, dass dort Einwohner aus Stumpertenrod immer wieder siliciumhaltige Gesteine (Feuersteine) sammelten. Über die Fundgeschichte von Stumpertenrod kursieren in der Literatur unterschiedliche Versionen. Einerseits heißt es, der Direktor des Oberhessischen Museums in Gießen, Herbert Krüger (1902–1996), habe bereits Ende der 1950er Jahre von der Entdeckung durch Dietz erfahren. Andererseits kursiert eine Version, Dietz habe Krüger 1961 seine Funde gemeldet und dem Gießener Museum fast 400 Artefakte überlassen. 1962 kontaktierte Dietz den Prähistoriker Wolfgang Taute (1934–1995). Krüger und Taute untersuchten die Fundstelle und bargen Steingeräte, die sie 1964 beschrieben. Von 1964 bis 1966 erfolgten in Stumpertenrod unter Schirmherrschaft von Taute regelmäßige Testgrabungen. Die umfangreiche Sammlung von Dietz mit Artefakten aus Stumpertenrod befindet sich heute im Regionalmuseum Alsfeld. – Herbert Krüger war ab 1938 Direktor des Oberhessischen Museums in Gießen und Denkmalpfleger der damaligen Provinz Oberhessen sowie ab 1967 elf Jahre lang Vorsitzender des Oberhessischen Geschichtsvereins. Er unternahm zahlreiche Ausgrabungen. Sein Schriftenverzeichnis von 1929 bis 1976 umfasst 130 Arbeiten. Seinen Lebensabend verbrachte er in Fürstenfeldbruck in Bayern.

8] Der Postbeamte und Amateur-Archäologe Horst Quehl aus Alsfeld-Hattendorf setzte sich ab etwa 1960 das Ziel, die Gemarkung seiner Wohngemeinde Hattendorf nach vor- und frühgeschichtlichen Hinterlassenschaften abzusuchen. Seine Funde stellte er in den Fundberichten Hessen vor. Über seine Erfahrungen als Amateur-Archäologe berichtete er 1985 in den „Archäologischen Informationen".

9] Der „Senckenberg-Hund" und der Auerochse wurden 1914 von Bauarbeitern bei Ausschachtungen für das Chemische Institut an der Robert-Mayer-Straße in Frankfurt am Main entdeckt. Die Fundstelle lag im sogenannten Senckenberg-Moor, etwa 70 Meter vom Senckenberg-Museum entfernt. 1935 stellte man die Skelettreste der beiden Tiere im Senckenberg-Naturmuseum im Diorama „Frankfurter Urlandschaft" aus. Dieses Diorama wurde 1944 während eines Luftangriffes zerstört. Die im Diorama präsentierten Tiere konnten größtenteils gerettet werden. Das Diorama selbst baute man nicht mehr auf. Gegenwärtig werden die Knochen des „Senckenberg-Hundes" in der Senckenberg-Sammlung aufbewahrt, diejenigen des Auerochsen dagegen im Archäologischen Museum Frankfurt. Das im Diorama gezeigte Elch-Paar steht heute im Dioramengang des Senckenberg-Naturmuseums.

Rekonstruktion eines jungen Homo sapiens aus der Mittelsteinzeit.
Foto: Matteo De Stefano / Muse = Museo della Science, Trento /
CC BY-SA 3.0,

Literatur

ANONYMUS: Der „Senckenberg-Hund" / The „Senckenberg Dog". In: Senckenbergs verborgene Schätze, Senckenberg World of Biodiversity, Frankfurt am Main,
29. Juli 2015/18. März 2016
https://senckenbergsverborgeneschaetze.wordpress.com/2015/07/29/senckenberg-hund/
APITZ, Hermann: Steinzeitliche Siedlungsspuren auf dem Wegscheideküppel bei Bad Orb: In: Unsere Wegescheide, Vereinigung der Freunde der Wegscheide e. V., Frankfurt am Main 1926 (Selbstverlag).
ARORA, Surendra-Kumar: Die mittlere Steinzeit im westlichen Deutschland und in den Nachbargebieten. In: Rheinische Ausgrabungen 17, Beiträge zur Urgeschichte des Rheinlandes II, S. 1–65, Bonn 1976.
DRUCKER, Dorothée G. / ROSENDAHL, Wilfried / NEER, Wim Van / WEBER, Mara-Julia / GÖRNER, Irina / BOCHERENS, Hervé: Environment and subsistence in northwestern Europe during the Younger Dryas: An isotopic study of the human of Rhünda (Germany). In: Journal of Archaeological Science: Reports 6, S. 690–699, Amsterdam 2016.
FIEDLER, Lutz: Alt- und mittelsteinzeitliche Funde in Hessen. In: Führer zur hessischen Vor- und Frühgeschichte 2, Wiesbaden 1977.
FIEDLER, Lutz: Der mesolithische Fundplatz Hombressen bei Hofgeismar. In: Jahrbuch '79 Landkreis Kassel, S. 39–43, Kassel 1980.
FIEDLER, Lutz: Alt- und Mittelsteinzeit in Niederhessen.

In: Führer zu vor-- und frühgeschichtlichen Denkmälern 50, Kassel-Hofgeismar-Fritzlar-Melsungen-Ziegenhain, S. 14–41, Mainz 1982.

FIEDLER, Lutz: Jäger und Sammler der Frühzeit. In: Vor- und Frühgeschichte im Hessischen Landesmuseum in Kassel, Heft 1, herausgegeben von den Staatlichen Museen Kassel, Kassel 1983.

FIEDLER, Lutz: Die Alt- und Mittelsteinzeit. In: Führer zu archäologischen Denkmälern in Deutschland 19, Frankfurt am Main und Umgebung, S. 38–43, Mainz 1989.

FIEDLER, Lutz: Die Alt- und Mittelsteinzeit. In: HERRMANN, Fritz-Rudolf / JOCKENHÖVEL, Albrecht (Herausgeber): Die Vorgeschichte Hessens, S. 70–120, Stuttgart 1990.

FIEDLER, Lutz: Groß-Gerau GG. Fundstelle der Mittelsteinzeit. In: HERRMANN, Fritz-Rudolf / JOCKENHÖVEL, Albrecht (Herausgeber): Die Vorgeschichte Hessens, S. 389–390, Stuttgart 1990.

FIEDLER, Lutz: Hofgeismar-Hombressen KS. Mesolithischer Fundplatz. In: HERRMANN, Fritz-Rudolf / JOCKENHÖVEL, Albrecht (Herausgeber): Die Vorgeschichte Hessens, S. 406–407, Stuttgart 1990.

FIEDLER, Lutz: Schwalmtal-Rainrod VB. Alt- und mittelsteinzeitliche Fundstellen. In: HERRMANN, Fritz-Rudolf / JOCKENHÖVEL, Albrecht (Herausgeber): Die Vorgeschichte Hessens, S. 481, Stuttgart 1990.

FIEDLER, Lutz: Wetzlar-Naunheim L. Mittelsteinzeitliche Fundstelle. In: HERRMANN, Fritz-Rudolf / JOCKENHÖVEL, Albrecht (Herausgeber): Die Vorgeschichte Hessens, S. 493–494, Stuttgart 1990.

FIEDLER, Lutz: Beile und andere Funde von den

steinzeitlichen Jägern in Hessen. Neues zur Mittelsteinzeit.
In: Denkmalpflege in Hessen 1, S. 26– 29, Wiesbaden 1997.
FIEDLER, Lutz: Jäger und Sammler der Frühzeit. In: Vor-
und Frühgeschichte im Hessischen Landesmuseum in Kassel
1, überarbeitete und erweiterte 2. Auflage, Kassel 1997.
FIEDLER, Lutz. Die Entdeckung und Erforschung des
Mesolithikums in Hessen. In: Altsteinzeit und Mittelsteinzeit
in Hessen – Ein kurzer Überblick. In: Arbeitsgemeinschaft
Altsteinzeit und Mittelsteinzeit Hessen, 6. Mai 2013.
http://altsteinzeit-hessen.de/?page_id=56
FIEDLER, Lutz: Auf dem „Feuersteinacker". Stumperten-
rod, Sammlung Horst Quehl aus den Jahren 1960–2000. Ein
Überblick über bisher nicht publizierte Funde. In:
Arbeitsgemeinschaft Altsteinzeit und Mittelsteinzeit Hessen,
11. Oktober 2017
http://altsteinzeit-hessen.de/?page_id=1873
FIEDLER, Lutz / GREB, Berthold: Eine mesolithische
Mittelgebirgsstation bei Haiger-Sechshelden (Lahn-Dill-
Kreis) mit ungewöhnlichen und zur Deutung
herausfordernden Artefakten. In: Fundberichte aus Hessen
51/52, S. 39–54, Wiesbaden 2014.
FIEDLER, Lutz / HUBBERT, Jürgen: Beile, Spitzhauen
und Keulen der Mittelsteinzeit zwischen Rhein und Werra –
Gewissheit und Erwägungen. In: Arbeitsgemeinschaft
Altsteinzeit und Mittelsteinzeit Hessen, 11. Oktober 2017.
http://altsteinzeit-hessen.de/?p=1905
FIEDLER, Lutz / HUBBERT, Jürgen: Der isolierte
mesolithische Grubenbefund von Rüsselsheim „Waldhaus".
In: Arbeitsgemeinschaft Altsteinzeit und Mittelsteinzeit
Hessen, 11. Oktober 2017.
http://altsteinzeit-hessen.de/?p=1888

HEBERER, Gerhard: Das Ende eines „Neandertalers". In: Homo 13 (1962) S. 152–161, Göttingen, Zürich 1962.

HEBERER, Gerhard / KURTH, Gottfried: Fundumstände, relative Datierung und Typus des oberpleistozänen Schädels von Rhünda (Hessen). In: Anthropologie 1, S. 23–28, Brno 1962.

HNA-REGIONALWIKI: Helmut Burmeister. http://regiowiki.hna.de/Helmut_Burmeister

HUCKRIEDE, Reinhold / JACOBSHAGEN, Eduard: Das Alter des Schädels von Rhünda. Der Fundplatz des Menschenschädels von Rhünda (Niederhessen). In: Neues Jahrbuch für Geologie und Paläontologie, Materialhefte, S. 114–129, Stuttgart 1958.

JACOBSHAGEN, Eduard: Der Schädelrest der Frau von Rhünda (Bezirk Kassel). In: Anatomischer Anzeiger 104, S. 64–87, München und Jena 1957.

JACOBSHAGEN, Volker (Sohn von Eduard Jacobshagen) / MÜNNICH, Karl Otto / VOGEL, J. C.: Das Alter des Schädels von Rhünda III. C14-Datierung der Fundschicht. In: Eiszeitalter und Gegenwart, Band 13, S. 138–140, Öhningen/Württemberg 1962.

KISSEL, Norbert: Arbeitsgemeinschaft Altsteinzeit und Mittelsteinzeit, Mai 2013. www.altsteinzeit-hessen.de?page_id=4

KLAUSEWITZ, Wolfgang: Mertens, Robert. In: Neue Deutsche Biographie (NDB), Band 17, S. 183–184, Berlin 1994. Online-Version: https://www.deutsche-biographie.de/sfz62093.html#ndbcontent

KROMER, Karl: Menghin, Oswald. In: Neue Deutsche Biographie (NDB), Band 17, S. 75–76, Berlin 1994.

Online-Version: https://www.deutsche-biographie.de/
gnd116881895.html#ndbcontent
KRÜGER, Herbert / TAUTE, Wolfgang: Eine
mesolithische Schlagstätte auf dem „Feuersteinacker" in
Stumpertenrod im oberhessischen Kreis Alsfeld. In:
Fundberichte aus Hessen, S. 18–33, Wiesbaden 1964.
KURTH, Gottfried: Die Entzauberung des Rhünda-
Neandertalers. In: Kosmos 58, 465–469, Stuttgart 1962.
MENDE, Gerd: Aufstellung der altsteinzeitlichen
Fundstellen im Raum Kinzigtal, südlicher Vogelsberg und
Spessart mit Randgebieten der Wetterau und Rhön sowie
Haunetal. In: Fundberichte aus Hessen 9/10, S. 4–22,
Wiesbaden 1969/70.
MENDE, Gerd: Aufstellung der steinzeitlichen Fundplätze
und Aufsammlungen von 1969 bis 1974 im Raum Kinzigtal,
südlicher Vogelsberg und Spessart mit Randgebieten der
Wetterau und Rhön. In: Fundberichte aus Hessen 15,
S. 399–418, Wiesbaden 1975.
MERTENS, Robert: Der Hund aus dem Senckenberg-Moor,
ein Begleiter des Ur's. In: Natur und Volk, S. 499–562,
Frankfurt 1936.
OAKLEY, Kenneth Page / CAMPBELL, Bernard Grant /
MOLLESON, Theya Ivitsky: Rhünda. In: Catalogue of
fossil Hominids, Part II: Europe. Trustees of the British
Museum (Natural History), S. 203–204, London 1971.
PFLUG, Brigitte: Alt- und mittelsteinzeitliche Fundplätze
der hessischen Rhön. Neue Erkenntnisse über die früheste
Besiedlung des Osthessischen Berglandes. In:
Archäologische Denkmäler in Hessen 87, Wiesbaden 1990.
PAETZOLD, Frank / PAETZOLD, Petra: Die Schamanin
von Bad Dürrenberg, Norderstedt 2019.

PROBST, Ernst: Deutschland in der Steinzeit. Jäger, Fischer und Bauern zwischen Nordseekste und Alpenraum, München 1991.

QUEHL, Horst: Vor- und frühgeschichtliche Funde aus der Gemarkung Hattendorf, Stadt Alsfeld, Vogelsbergkreis. In: Fundberichte aus Hessen, S. 1–21, Wiesbaden 1985.

QUEHL, Horst: Laien in der Archäologie. In: Archäologische Informationen, Band 8, Nr. 2, S. 165–167, Kerpen-Loogh 2015.

ROSENDAHL, Wilfried: Neues zur Altersstellung des fossilen Menschenschädels von Rhünda (Schwalm-Eder-Kreis), Hessen. In: Archäologisches Korrespondenzblatt 32(1), 4 S., Mainz 2002.

SZECH, Hans: In memoriam Dr. Herbert Krüger. In: Mitteilungen des Oberhessischen Geschichtsvereins Gießen 81, S. 1–5, Gießen 1996.

USINGER ANZEIGER: Fußball Arwad Glatzer †. Usingen, 13. Oktober 2004.

WILLE, Gert / MÜLLER, Peter / WIDMER, Harry / ZIMMERMANN, Werner / RICHTER, Gernot / LEHMANN, Hans-Dieter / SCHMIDT, Mannfred: Hermann Apitz – der vergessene Altertumsforscher aus Grochwitz. Einblicke in ein Lehrer- und Forscherleben in Brandenburg, Sachsen-Anhalt, Thüringen und Hessen, Cottbus 2015.

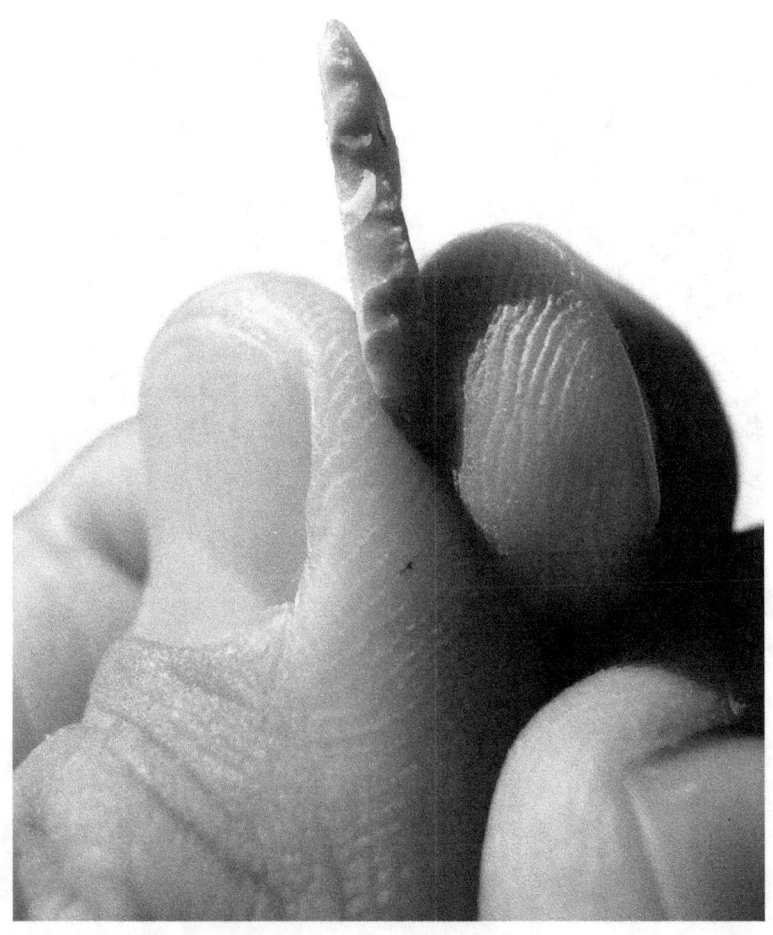

Mikrolith aus der Mittelsteinzeit.
Foto: José-Manuel Benito Álvarez (Spanien) / CC BY-SA 2.5
(via Wikimedia Commons),
lizensiert unter Creative-Commons-Lizenz by-sa-2.5,
https://creativecommons.org/licenses/by-sa/2.5/legalcode

Autor Ernst Probst.
Foto: Klaus Benz, Fotograf, Mainz-Laubenheim

Der Autor

Ernst Probst, geboren am 20. Januar 1946 in Neunburg vorm Wald im bayerischen Regierungsbezirk Oberpfalz, ist Journalist und Wissenschaftsautor. Er arbeitete von 1968 bis 1971 bei den „Nürnberger Nachrichten", von 1971 bis 1973 in der Zentralredaktion des „Ring Nordbayerischer Tageszeitungen" in Bayreuth und von 1973 bis 2001 bei der „Allgemeinen Zeitung", Mainz. In seiner Freizeit schrieb er Artikel für die „Frankfurter Allgemeine Zeitung", „Süddeutsche Zeitung", „Die Welt", „Frankfurter Rundschau", „Neue Zürcher Zeitung", „Tages-Anzeiger", Zürich, „Salzburger Nachrichten", „Die Zeit", „Rheinischer Merkur", „Deutsches Allgemeines Sonntagsblatt", „bild der wissenschaft", „kosmos", „Deutsche Presse-Agentur" (dpa), „Associated Press" (AP) und den „Deutschen Forschungsdienst" (df). Aus seiner Feder stammen die Bücher „Deutschland in der Urzeit" (1986), „Deutschland in der Steinzeit" (1991), „Rekorde der Urzeit" (1992), „Dinosaurier in Deutschland" (1993 zusammen mit Raymund Windolf) und „Deutschland in der Bronzezeit" (1996). Von 2001 bis 2006 betätigte sich Ernst Probst als Buchverleger sowie zeitweise als internationaler Fossilienhändler und Antiquitätenhändler. Insgesamt veröffentlichte er mehr als 300 Bücher, Taschenbücher, Broschüren und über 300 E-Books.

Das Sammeln von Beeren oder anderer pflanzlicher Nahrung
war in der Mittelsteinzeit vor allem Sache der Frauen.
Zeichnung: Fritz Wendler (1941–1995)
für das Buch „Deutschland in der Steinzeit" (1991)
von Ernst Probst

Bücher von Ernst Probst

(Auswahl)

Als Mainz im Meer lag
Als Mainz noch nicht am Rhein lag
Der Europäische Jaguar
Der Mosbacher Löwe. Die riesige Raubkatze aus Wiesbaden
Der Rhein-Elefant. Das Schreckenstier von Eppelsheim
Der Ur-Rhein. Rheinhessen vor zehn Millionen Jahren
Deutschland im Eiszeitalter
Deutschland in der Frühbronzezeit
Deutschland in der Mittelbronzezeit
Deutschland in der Spätbronzezeit
Die Aunjetitzer Kultur in Deutschland
Die Straubinger Kultur in Deutschland
Die Singener Gruppe
Die Arbon-Kultur in Deutschland
Die Ries-Gruppe und die Neckar-Gruppe
Die Adlerberg-Kultur
Der Sögel-Wohlde-Kreis
Die nordische Bronzezeit in Deutschland
Die Hügelgräber-Kultur in Deutschland
Die ältere Bronzezeit in Nordrhein-Westfalen
Die Bronzezeit in der Lüneburger Heide
Die Stader Gruppe
Die Oldenburg-emsländische Gruppe
Die Urnenfelder-Kultur in Deutschland
Die ältere Niederrheinische Grabhügel-Kultur
Die Unstrut-Gruppe

Dmitry Bogdanav und Nobu Tamura
Rekorde der Urmenschen. Erfindungen, Kunst und Religion
Rekorde der Urzeit. Landschaften, Pflanzen und Tiere
Säbelzahnkatzen. Von Machairodus bis zu Smilodon
Säbelzahntiger am Ur-Rhein. Machairodus und
Paramachairodus
Was ist ein Menhir? Interview mit dem Mainzer
Archäologen Dr. Detert Zylmann
Wer ist der kleinste Dinosaurier? Interviews mit dem
Wissenschaftsautor Ernst Probst
Wer war der Stammvater der Insekten? Interview mit dem
Stuttgarter Biologen und Paläontologen Dr. Günther Bechly
6000 Jahre Kastel. Von der Steinzeit bis zum 21. Jahrhundert
5000 Jahre Kostheim. Von der Steinzeit bis zum 21. Jahr-
hundert
Kastel in der Vorzeit. Von der Jungteinzeit bis Christi
Geburt
Kostheim in der Vorzeit. Von der Jungsteinzeit bis Christi
Geburt
Wiesbaden in der Steinzeit
Anno 1.000.000. Deutschland in der älteren Altsteinzeit
Die Altsteinzeit. Eine Periode der Steinzeit in Europa vor etwa
1.000.000 bis 10.000 Jahren
Das Protoacheuléen. Eine Kulturstufe der Altsteinzeit vor etwa
1,2 Millionen bis 600.000 Jahren
Das Altacheuléen. Eine Kulturstufe der Altsteinzeit vor etwa
600.000 bis 350.000 Jahren
Das Jungacheuléen. Eine Kulturstufe der Altsteinzeit vor etwa
350.000 bis 150.000 Jahren
Das Spätacheuléen. Eine Kulturstufe der Altsteinzeit vor etwa
150.000 bis 100.000 Jahren
Die Lanze von Lehringen. Der Jahrhundertfund aus der

Die Mittelsteinzeit in Thüringen, Sachsen-Anhalt, Sachsen
und im südlichen Brandenburg
Die Mittelsteinzeit in Schleswig-Holstein, Mecklenburg und
im nördlichen Brandenburg
Die ersten Bauern in Deutschland. Die Linienband-
keramische Kultur (5.500 bis 4.900 v. Chr.)
Die Ertebölle-Ellerbek-Kultur. Eine Kultur der Jungsteinzeit
vor etwa 5.000 bis 4.300 v. Chr.
Die Stichbandkeramik. Eine Kultur der Jungsteinzeit vor
etwa 4.900 bis 4.500 v. Chr.
Die Oberlauterbacher Gruppe. Eine Kulturstufe der
Jungsteinzeit vor etwa 4.900 bis 4.500 v. Chr.
Die Hinkelstein-Gruppe. Eine Kulturstufe der Jungsteinzeit
vor etwa 4.900 bis 4.800 v. Chr.
Die Rössener Kultur. Eine Kultur der Jungsteinzeit vor etwa
4.600 bis 4.300 v. Chr.
Die Kupferzeit. Wie die ersten Metalle in Mitteleuropa
bekannt wurden
Die Michelsberger Kultur. Eine Kultur der Jungsteinzeit vor
etwa 4.300 bis 3.500 v. Chr.
Das Rätsel der Großsteingräber. Die nordwestdeutsche
Trichterbecher-Kultur vor etwa 4.300 bis 3.000 v. Chr.
Die Baalberger Kultur. Eine Kultur der Jungsteinzeit vor
etwa 4.300 bis 3.700 v. Chr.
Pfahlbauten in Süddeutschland. Dörfer der Jungsteinzeit und
Bronzezeit an Seen, Mooren und Flüssen
Die Altheimer Kultur / Die Pollinger Gruppe. Zwei
Kulturen der Jungsteinzeit vor etwa 3.900 bis 3.500 v. Chr.
Die Salzmünder Kultur. Eine Kultur der Jungsteinzeit vor
etwa 3.700 bis 3.200 v. Chr.
Die Chamer Gruppe. Eine Kulturstufe der Jungsteinzeit vor
etwa 3.500 bis 2.800 v. Chr.

Die Wartberg-Kultur. Eine Kultur der Jungsteinzeit vor etwa 3.500 bis 2.800 v. Chr.

Die Walternienburg-Bernburger Kultur. Eine Kultur der Jungsteinzeit vor etwa 3.200 bis 2.800 v. Chr.

Die Kugelamphoren-Kultur. Eine Kultur der Jungsteinzeit vor etwa 3.100 bis 2.700 v. Chr.

Die Schnurkeramischen Kulturen. Kulturen der Jungsteinzeit von etwa 2.800 bis 2.400 v. Chr.

Die Einzelgrab-Kultur. Eine Kultur der Jungsteinzeit vor etwa 2.800 bis 2.300 v. Chr.

Die Schönfelder Kultur. Eine Kultur der Jungsteinzeit vor etwa 2.800 bis 2.200 v. Chr.

Die Glockenbecher-Kultur. Eine Kultur der Jungsteinzeit vor etwa 2.500 bis 2.200 v. Chr.

Die ersten Bauern in Österreich. Die Linienbandkeramische Kultur vor etwa 5.500 bis 4.900 v. Chr.

Die Lengyel-Kultur in Österreich. Eine Kultur der Jungsteinzeit vor etwa 4.900 bis 4.400 v. Chr.

Die Mondsee-Gruppe. Eine Kulturstufe der Jungsteinzeit vor etwa 3.700 bis 2.900 v. Chr.

Die Badener Kultur in Österreich. Eine Kultur der Jungsteinzeit vor etwa 3.600 bis 2.900 v. Chr.

Die ersten Pfahlbauten in der Schweiz. Die Anfänge der Pfahlbauforschung und die Egolzwiler Kultur

Die Cortaillod-Kultur. Eine Kultur der Jungsteinzeit vor etwa 4.000 bis 3.500 v. Chr.

Die Pfyner Kultur in der Schweiz. Eine Kultur der Jungsteinzeit vor etwa 4.000 bis 3.500 v. Chr.

Die Horgener Kultur in der Schweiz. Eine Kultur der Jungsteinzeit vor etwa 3.500 bis 2.800 v. Chr.

Die Schnurkeramiker in der Schweiz. Eine Kultur der Jungsteinzeit vor etwa 2.800 bis 2.400 v. Chr.

www.ingramcontent.com/pod-product-compliance
Lightning Source LLC
Chambersburg PA
CBHW070317240526
45467CB00045B/532

* 9 7 9 8 7 2 4 6 3 9 6 1 3 *